姑娘，你要做最好的自己

雾色——著

天津出版传媒集团
天津人民出版社

图书在版编目（CIP）数据

姑娘，你要做最好的自己 / 霁色著. — 天津：天津人民出版社, 2019.2

ISBN 978-7-201-14434-4

Ⅰ. ①姑… Ⅱ. ①霁… Ⅲ. ①女性—成功心理—通俗读物 Ⅳ. ①B848.4-49

中国版本图书馆CIP数据核字（2019）第021587号

姑娘，你要做最好的自己

GU NIANG, NI YAO ZUO ZUI HAO DE ZI JI

出　　版　天津人民出版社
出 版 人　刘　庆
地　　址　天津市和平区西康路35号康岳大厦
邮政编码　300051
邮购电话　（022）23332469
网　　址　http: //www.tjrmcbs.com
电子信箱　tjrmcbs@126.com
责任编辑　刘子伯
印　　刷　大厂回族自治县德诚印务有限公司
经　　销　新华书店
开　　本　880×1230毫米　1/32
印　　张　7.5
插　　页　0
字　　数　173千
版次印次　2019年4月第1版　2019年4月第1次印刷
定　　价　39.00元

前言

在起跑线给自己鼓掌

如果这个世界是一个竞争舞台，每个人都想挣扎着成为终点线上的第一名，那么我希望，你可以在起跑线前面为自己鼓掌。

我的姑娘，你不必等待来自别人的鲜花与掌声，不管你成为什么样子，在自己的世界里都是独一无二的女王。你不必等到成功到来的时候，再认可自己的成长和努力，不必在终点线前告诉自己“你很好”，因为你随时都可以为自己而庆祝、为自己而欢喜。

在起跑线为自己鼓掌，也并不算晚。

因为这一路走去，你会见识越来越多的繁华，遇到越来越多的挑战。你将从天真与无忧变成成熟可靠，学会承担一个大人应该尽到的责任；你会学着在这个刀光剑影的社会上生存，从可能的坎坷中走出一条通路——而我，希望你是最幸运的那一个；你会遇到爱情，快乐和酸楚可能同时到来，但每一分每一秒都是难得的回忆；你总要有一天接过父母身上的负担，明白自己要懂得的责任和不应放弃的理想；你会拥有朋友，在磕磕绊绊中明白交往的哲学，理解二三知己的可贵；你总会变成想要的模样，哪怕你想要的总在变，但这条路上总有前行的梦想和方向……

你看，你的人生道路还有那么长，有那么多显而易见的精彩和可贵，难道你不想提前给自己鼓掌，让自己走得更自信一些吗？

一个人最难得的，就是会恰到好处地欣赏自己。你的欣赏始终清醒，既不过分夸耀，也不显露卑微。永远相信自己，永远支持自己，永远成为自己最坚定的后盾，是你在这条道路上最应该做到的。

有时候觉得很累，觉得成功的终点太漫长？没关系，在起跑线给自己鼓掌也不算太早，你随时可以为自己打气；道路两旁的繁华遮蔽了眼睛？不要紧，狠狠掐自己一把，你还能保持清醒。若想向着你期待的方向前进，就得早早将脱轨的可能掐死在萌芽之中，将前方一切的阻碍都跨越——如果不行，就直接铲平。有这样一往无前的态度，就不会有人愿意跟你作对。反正，就算全世界与你逆向而行，你也还有一颗独立自由的心和来自自己的掌声陪伴，并不孤独。

所以姑娘，不妨走得更特立独行一些，反而会更加清醒。别总是跟在别人的背后，你可以选择自己的未来，可以有更多的可能、去尝试更多的精彩。

但那时候，别忘了你的原则和初心。

戳破美好幻境暴露出的真实，就像舔舐甘甜外壳下的辛辣，不太美味但很提神，一不小心还能上瘾。只有认清我们生活中的疮疤，才能更好地愈合，向正确的方向做有效的努力。所以，不要怕去迎接可能的挑战，这些都是让你变得更好的契机。我相信如果你愿意，你总能变得更好一些。

让我们一起，在未来的挑战中变得更游刃有余，可以吗？

目录

第一章　没有人天生爱奋斗，但你可以学

第二章　你得足够优秀，才会足够幸运

第五章　我们都是孤单的社会动物

第六章　你总会成为自己想要的模样

没有人天生爱奋斗，但你可以学

把第一爱好作为职业，绝对是悲哀

每当高考季来临，年轻的小朋友们问我该选什么专业的时候，我都要劝他们——

“除非真的有一往无前的勇气和热爱，别选你的第一爱好作为将来的职业。”

一般人听到了，大概都觉得我是在挖一个火炕把他们往里推，怎么还有劝别人选自己不喜欢的专业去学的呢？别着急啊，我还有第二句——

“选你的第二爱好作为职业。”

我这一套理论，许多人听了之后都无法理解甚至嗤之以鼻。他们觉得，先不说分“第一喜欢”“第二喜欢”是多么幼稚，这两个选择又有什么差别呢？归根结底，我还是老生常谈地劝大家去学喜欢的东西、从事自己感兴趣的职业。然而真正去品味过，你才能体会到我所说跟别人真的不是一个意思。

我见到过太多太多的年轻人，如同曾经的我一样，兴致勃勃地要一辈子从事自己热爱的行业，最终选择了最爱的专业。在深入学习之后，他们有的人因为繁重的课业逐渐消磨了自己的热爱，有的则因为长期的坚持让自己感到疲倦、缺乏新鲜感，还有的发现这个行业压根不是自己想象的模样……一来二去，最喜欢的、最热爱的东西越来越少地出现在嘴边了，毕业后干脆就转了行。

我坚持下来了，因为我太热爱我的专业了。那时候我还为同学们感到惋惜，那些放弃了自己爱好、自己专业的人多可惜！不仅学无所用，而且还失去了自己最喜欢的爱好。如果他们当时没有选择这个专业，也许现在还会在做着其他事的时候，依旧热爱着自己本来热爱的东西。而现在，他们失去了。

但在坚持到后来，当我越来越深切地认识到我将要靠着自己最热爱的东西去谋生时，我反而又开始羡慕那些早早脱身、转行的朋友们了。为什么？因为真正涉及“谋生”二字，没有任何工作是轻松的，即便是自己最爱的工作也一样。当我越来越多地把自己的爱好与生活、工资和考评挂钩的时候，当压力让我在专业上的坚持不断退后的时候，我突然发现，自己现在想转行都来不及了。

好像比他们还要倒霉一些。

此时我发现，那些完全享受自己所爱的工作，并不会因为生活而影响它的人，太幸福，太幸运，然而这样的人太少了。我们绝大多数的普通人，大概只有另一个折中的选择，那就是——

不要让自己的第一爱好作为职业。这样，你还能在谋生和谋爱之间获得一个完美的平衡。

我之所以建议大家，选择第二爱好作为自己的职业，是从我的一些朋友身上得出的结论。其中将其贯彻得最好的，莫过于我的同

事小琳。

小琳和我都是别人眼中的“理工女”，不过跟他们想象中的不同，我们两个从事这份职业都没有一点心不甘、情不愿，可以说彼此都是因为热爱才做了选择。只是跟我不一样，小琳还有自己更喜欢的事，她画得一手好花鸟，听说练得算是“童子功”，几岁起就跟当地比较有名的书画大师学习了。

“恰好是我的远房亲戚，就带着我一块画画，没想到我还真挺喜欢的，也有一点天赋吧，就坚持到了现在。”小琳画画的时候，笑着跟我说。

还别说，这姑娘平时一副呆呆的模样，跟我心目中的“学霸”完全一致，没想到画画的时候却变了一个人似的。她的神情总是很放松，手里执笔的时候，眼睛里就闪着亮亮的光，看得出来是真的很喜欢这件事。

“既然你画画这么好，当时怎么不去学艺术呢？”不知道多少人问过她这句话。

说实话，对于这句话我是非常不认同的——怎么，喜欢的事情、恰好做得好的事情，就一定要用来谋生吗？就一定要成为职业吗？怎么就不能让人家开开心心地当一个说相声里面物理最好的、学物理里面唱歌最棒的人呢？人们啊，总是把事情看得太简单、太粗暴了，似乎擅长什么就要以什么谋生，但凡有些跨了专业、跨了职业的技能，就能引起一阵惊叹。

何必呢，做个多才多艺的人，把生活过得丰富多彩，不是每个人都应该追求的吗？

至少小琳就没想过将自己的最爱的事情作为职业。她说：“谁说我没有学艺术呀！虽然我读了别的大学专业、做了其他的工作，但学艺术这件事，我是一直坚持的。”

没错，别看她没有从事这份工作，可坚持这份爱，却是最难得的。

小琳选的专业也是她所热爱的，这种热爱程度大概只比画画差一点吧！这种选择，在后来体现出绝对的战略优势，堪称是高瞻远瞩了。

“我每天做的事情，都是我还算喜欢的，这让我的工作很有动力、有劲头，不至于因为厌恶而抗拒。”小琳这样解释，“同时，我们的工作难免会有让自己烦躁的时候，一遇到这样的情况，我就会拿起画笔来，投身到我最喜欢的事当中去。用我最爱的事情去分散注意力，等平复一下之后，我就又能投入到工作中了。”

用自己最大的爱好，去治愈来自事业的困惑和烦躁，真的太有效了。

而我没有补充的是，当她选择了另一个事业去谋生的时候，一生中最爱的事就永远可以作为单纯的爱好而存在。她可以永远按照自己的想法去创造，不必受到来自任何人的压力，也不必因为谋生的沉重让这份鲜活褪去色彩。

她的爱好，可以永远摆在高高的殿堂之上，供自己顶礼膜拜。

选择你的第二爱好作为职业，让你的第一爱好永远成为那颗朱砂痣、那抹白月光，相信我，你会在未来的人生中体会到它的妙处。

为什么每个人在成年之后，都几乎毫无例外地怀念童年？其实，他们怀念的未必是那个没有空调吹、冰激凌不能随便吃、天天有人耳提面命的童年，未必是那个生活不便、没有手机互联网、每天早起晚睡写作业的童年。但童年的滤镜就是这么厚重，人人都爱它，不过是因为四个字而已——

无忧无虑。

没有忧虑，一切外在的因素都可以忽略，这就是最好的状态了。同样，当你爱一件事的时候，多半是因为它不会给你带来忧虑，所以你可以完全沉浸在美好当中。

年少的时候你可能喜欢摄影，最爱把颜色调成别人觉得古怪的样子，欣赏自己特立独行的风格。长大了，你成为一个摄影师，人人都夸赞你完成了梦想，你却知道，事实未必如此。你已经很久没有照着自己的想法调色、拍照了，你要顾及甲方的需求，你要按照客户的想法，哪怕他们让你照一张兰州拉面招牌风格的婚纱照，你也得老老实实辣着眼睛去做。

你不再无忧无虑地去爱这件事了，那还会感到快乐吗？

我就有这样一位摄影师朋友，他明确地告诉我答案："不快乐。"事实上，他甚至陷入了长时间的自我怀疑当中无法自拔，不能在谋生和热爱之间找到平衡。我知道的，他这个人从小没有别的爱好，最爱的就是摄影，如今连这件事都做不好、做不顺心，他甚至连另一个热爱的寄托都没有。

好在他走出来了，辞掉了自己的工作，变成了一个摄影艺术家，只照自己喜欢的片子。这样看起来真好，可是也真苦，要不是因为他恰好火了，有了自己的市场，恐怕就是现代梵·高，穷困潦倒了。

所以我才说，要么你就要有无限热爱，让你可以忍受所有的困难只享受其中的乐趣，要么，就让你的第一爱好永远成为爱好，选择另一个职业谋生吧！

要不是懒得下决心，我早就勤快了

一

在我看来，机器替代人工是个毫无疑问的发展趋势，你要问我为什么这么笃定，是因为对科技发展有信心，还是因为对人类未来太悲观，那我得告诉你——都不是。

我这么肯定，只是因为一个字，“懒”！

我见过太多太多的懒姑娘了，而且不才，自己也是其中之一。根据我有限的观察，这个比例还在逐步上升，越来越多的人加入到“懒”的大军中。说实话，这可真不是个好趋势，因为没有人天生就可以做好一切，就算是天才，也需要有将天分转化为实际工作的活动，所以勤奋是必须的。

勤奋不一定成功，但是你如果很懒的话，就只能跟别人拼运气了。

其实，我相信大多数姑娘都不想放任自己沉浸在这个恶性循环式的负面状态中，只是实在是下不了决心啊！用办公室一位神人的话总结就是：

“要不是懒得下定决心，我早就勤快起来了。”

可这样的状态，真的是你应该有的吗？

多少次在熬夜之后下定决心，下一次一定早睡早起，晨起背单词、晚来读笔记，但是每天早上闹钟响起的时候，你还是选择烦躁地按掉了它，因为懒得起床；多少次的工作都可以在期限内完成，只要合理安排、正常规划，你总能发挥出自己最好的水平，却还是因为懒得做而一天天拖延，最终用个匆匆交上去的草稿应付；多少次你明明下定决心要管住嘴、迈开腿，成为人群中最瘦最美的风景线，却还是在走上跑步机的前一刻被懒惰所支配……懒得动，懒得想，懒得做，我们的脚步还没迈出去，心就已经躺在床上了。

姑娘们，当你们用惫懒的状态去应付生活的时候，生活也在回馈你同样的东西。懒，真的可以毁掉一个人的努力。

别懒得下决心了，好好思考一下你的人生要怎么活吧！

三个月前，茜茜辞职了。她告诉我，已经受够了这份并不喜欢的工作，所以下定决心辞了职，让生活重新开始。

我问她：“你接下来要做什么呢？有自己的计划吗？”

茜茜自信满满，流露出一点对于未来的期待和迫不及待：“我早就想好了！先去日本度个假，好好放松一下，我都盼了好几年这样的假期了，然后顺便把我的英语证书考出来，正好赶上某家外企的外招，凭我的经验一定能去。”

我看她打算得这样井井有条，自然也放心了许多。尤其是我对茜茜这个姑娘特别佩服，她是个忙起来闲不住的人，工作的时候永远能把上司的要求做到最好，别说是日常工作，就算是你让她上刀山下火海，她眼睛一闭也敢去。能闯能干，而且有一定的自制力，所以我特别相信她能做到。要是别人，还真不一定呢！

隔了一个月，她结束了自己从日本的旅行，开始认真准备考试。就是这段时间，我突然发现茜茜的心态开始变了——确切地说，是她的行为也变了，变得越来越懒。

可能是日本海岸线的阳光太慵懒，她还没有从几年难得的度假时光中清醒过来，茜茜做什么都有点不在状态。比如今天计划做口语训练、传译训练，她可能只会做其中一样，就早早放下了，然后睡个午觉、喝个下午茶，或者跟朋友煲煲电话粥。每次她跟我又说起谁家的衣服上了新款、谁的工作出了点小岔子之类的八卦，我都忍不住想提醒她："咱们别忘了正经事，你还要考试呢！"

说也说过了，茜茜自己也意识到，却有些抵抗不住"懒"带来的诱惑："以前听别人说，放假久了你会发现还是工作好，我现在放假这么久，最大的感觉就是……每一天都特别舒服！完全不想回到过去的状态了，太累了。"

学会放松自己当然没问题，但是茜茜这一情况，是不是有些太放松了？甚至于她开始懒得出门吃饭，家里的外卖盒子堆了满满一垃圾桶；懒得化妆出门，每次见面都是素面朝天，仿佛再也不是当初那个爱美的她；懒得做计划，每天想起做什么就做什么，毫无压力和动力……

毫无疑问，她错过了这一次考试，不是没有通过，而是因为准备不足压根没去考。在家里窝了几天之后，这姑娘才小心翼翼地告诉了我们真相，然后赶紧信誓旦旦地补充道："真的，我下一期考试一定能赶上。"

我看到视频对面的她，正窝在自己的沙发上做面膜，明明是大白天，窗帘却掩得严严的，据说是因为她下午刚起床。周围环境看起来有点乱，虽然她每天都在家中待着，但看起来并没有进行过彻底的清洁。恍然间，我发现她跟每个普通姑娘都没有什么不一样，当缺乏外在的动力和约束时，一样会被懒惰所诱惑。

这大概就是每个人的通病吧！

我也赞同茜茜的话，千万不要听信别人的话，以为长期的休假会让你更爱工作——事实上，真不一定，你可能越休息越爱这个状态。

谁心里没有对这样悠闲生活的渴望呢？我们也都喜欢吃吃点心追追剧，逛逛街再敷个面膜的日子，承认它并不是一件丢人的事情。但是我却要建议你，虽然这样很好，但不要去做。

不要让自己长时间陷入在漫无目的的休息和空闲时间中，你会发现自己将变得越来越懒。

就像茜茜这样的姑娘，我见过太多了。当自己的生活有计划、有工作在背后催促时，她们一个个都是职场和生活中活得最风生水起的那个，但当她们也开始享受悠闲时，就会越来越深地陷入懒惰的诱惑中去。

那时候，就真的是“想要努力，却懒得下决心”了。这样的状态，真的会毁掉一个人。

你身处其中的时候不觉得如何，但从惫懒的生活中走出来之后，开始规律生活、每天都很充实，才会发现之前的悠闲时光虽然舒适，却几乎等同于在浪费时间和谋杀自己。你浪费的是最宝贵、最需要拼搏的青春，你谋杀的是自己的身体和精神健康，在这样的状态下沉沦，只会越来越负面。

茜茜就差点被这样的状态毁掉，不仅没有考到自己心心念念的证书，还差点错过了招聘时间。我真不能想象，如果她迟迟找不到下一份工作，等没有了积蓄供自己开销，会面临怎样的窘况？好在她还有性格中的果断和清醒支撑，很快就意识到这样的状态是不对的，然后打起精神来拼尽全力获得了这份工作。

“回到工作岗位上，其实并不快乐，每天都很累。但我还是很庆幸，尤其是在回首过去几个月的时候。”茜茜说，“真不敢相信那是我自己，竟然胖了那么多！几个月的时间，竟然什么都没做！这不是我最讨厌的状态吗？”

但在享受懒惰的时候，你可不会这么想。

没有人会等待你，如果你懒得前行，只会被甩在后面。道理就是这样简单而残酷，姑娘们，只有努力才是你应该走的路。

我相信，没有人是天生就爱奋斗的，今天勤恳工作的前辈们，过去也肯定因为繁重的课业、复杂的工作而抱怨过、逃避过。但那又怎么样呢？没有人爱奋斗，但你要学着奋斗。所以，懒惰的状态虽然让你觉得很满足，但你千万不要沉溺于这种满足之中。

“懒惰其实就是让我们待在属于自己的舒适区中，此时你不管做任何事，都是自己喜欢的、毫无抗拒的，而在这个状态下，让你去工作、去学习，去做你可能不喜欢的事情，你会加倍抗拒。”我的心理学导师这样说过。

挑战舒适区，是一个人一生中应该不断去做的。就像我的导师，曾经是极为孤僻的人，但因为知道“出门社交”是对自己的挑战，所以他常常强迫自己去做。“我不喜欢社交，我喜欢自己一个人待着，甚至都不愿意让我的母亲跟我聊天。但我知道，这是我被舒适区惯坏了，所以我要不断去挑战它。”他成为朋友眼中开朗乐观、热衷交际的人，其实谁也不知道他始终在挑战自己。不过很快他就习惯了，然后喜欢上了这件事。

我知道，这是他的舒适区变大了。当我们沉浸在懒惰中的时候，懒惰会严重地让我们的舒适区缩小，以前你还会定期打扫卫生，但懒惰的生活会让你一点都提不起精神来。你甚至会依赖上各种外卖食品、自助服务，不愿意再出门，即便窗外的阳光那么舒适，而你只要迈出去一步就会感到快乐。

这就是懒惰对一个人的负面影响啊！姑娘们，告别懒惰，去走出自己的舒适区，挑战一些以前从未想过的事情吧！我相信你们会更喜欢这些事，并享受到它们所赋予的生活乐趣的。

别抱怨自己过得不好，那是你能力不行

一

常常有一些觉得自己生活不如意的人，跟我抱怨自己运气不好，每当我听到他们用各种理由将自己遇到的挫折与外界因素联系在一起，恨不得将所有的锅都推给别人，而让自己干干净净、冰清玉洁的时候，我就忍不住想在心里翻一个白眼——

我知道了，别人都是运气之子，就你自己是努力奋斗还要承受不公的小可怜，全世界都欠你一个首富爸爸。

别怪我的态度差，实在是因为有些人的欲望跟自己的努力太不成正比。明明只付出了1%的汗水，却妄想获得100%的成果，就算是天才如爱因斯坦也不敢这样妄想吧！

我要劝每一位对生活抱有期待，对未来有自己规划的姑娘，千万不要成为这样的人，不要在抱怨当中迷失了自己。生活可能会给你一些挫折，你可能在有些时候会过得不那么好，但不要抱怨别人，想一想是否是你想要的太多，而努力的还不够?

大多数时候，你会发现原因，都可以归结于此。

我知道，我们身边是不缺乏幸运者和不幸者的，的确有一些人会因为境遇、时代和种种这样那样的阴差阳错，导致自己付出的努力和得到的收获不对等。就像我儿时楼下的邻居，每天起早贪黑地干活，却还是收入微薄，仅仅因为他的腿脚天生不便；就像我一位年长的亲戚，因为年轻时工作调动丢掉了档案，导致明明是饱读诗书的大学生，却只能靠着打工过活，连退休金都没有……他们的人生的确遇到了比我们更多的不幸，所以他们尽管很努力，却依然生活艰辛。

但扪心自问，你所面临的情况也是这样的吗？是你缺乏一定的境遇展现自己的能力，还是有难以弥补的缺陷？即便是面对这样的境况，也有许多人可以奋斗出一条道路来，活得更好，为什么你就不行了？

我们大多数人尚且没有处于这样绝望的境况，此时再抱怨，实在是有些缺乏自知之明了。相信我，你过得不好不一定是因为你不行，也不是周围的人都在针对你，只是因为你自己还不够努力，你的能力还不足以和你的欲望相匹配。

在我的办公室里，小林就是一个喜欢抱怨的人。有些时候我觉得她有太多的负面情绪，只是一件普通的小事，也可能引发她的抱怨。

比如早上上班的时候，你可能会临时丢掉了公交卡导致遇到一些麻烦，但这样的小麻烦，大多数人都有办法解决，小林也不例外。只是她的特别之处是，解决麻烦之后，她一定要找人抱怨一通，最终以“我实在是太不幸了”作为结束语。

明明别人觉得不算什么的挫折，她却要渲染得非常夸张，甚至还想将责任推到别人身上。小林的抱怨出现了太多太多次，导致身边的人甚至都不愿意和她交好——谁愿意围绕在一个总给自己带来负面影响的人身边呢?

所以久而久之，小林收获的好感就越来越少，她的抱怨自然也就越来越多了。

不久前，和小林一起进入公司的一个姑娘顺利升职，这可把小林的炸药包给彻底点着了。她私下跟我抱怨了好几次，而且每次语气都酸溜溜的:“凭什么就让她升职了呀? 明明资历深的人那么多，我和她一块进来的，连加薪都没有加过呢！说不定就是她有什么背景后台。”

接下来，她大概是想到了自己惨淡的薪水，忍不住跟我说起了各种生活中的麻烦，诸如看上的口红都不敢买、只敢选择在双十一抢购、付完房租简直要去外面要饭之类。我知道她当然是有些夸张的，但她的薪水不高的确是事实。

不过为什么如此，她心里真的不知道吗?

小林和升职的姑娘都是类似的岗位，除了看基本薪金之外还有绩效，可以说是“干得越多拿得越多”。那个姑娘特别勤快，听说是家庭条件一般，还要供自己的妹妹读书，所以工作起来很拼。别看是新人，短短一年时间内就成了她们部门那边的绩效前三，拿的钱让不少人都眼红。

有的人给她下绊子，但是姑娘自己有业绩做保证，也是有底气的，压根就不害怕。因为她的工作履历漂亮，上司很愿意提携她，所以自己升迁之后就推荐了这个姑娘接任部门。于是，她就顺利升职了。

跟这个起早贪黑工作的姑娘比起来，小林的态度相当“佛系”。我经常看到她偷偷早退，据说是要跟男友约会，然后让办公室其他人帮忙掩饰。其实大家并不喜欢这样做，一个同事少干的活，很可能要分摊到别人身上，但是碍于面子也没有说什么。加上她平时太懒惰，业绩不突出，也没有形成竞争力，大家就睁一只眼、闭一只眼而已。

在这种情况下，她竟然毫无自知，不知道导致自己现状的罪魁祸首就是她自己。这才是最悲哀的事情。

所以，我常常告诉自己，一定要有自知之明。事情可以做不好，但应该知道自己可以做到什么程度、能够获得怎样匹配的待遇。最怕的就是小林这样的人，因为自己不够努力、能力不足，所以过得不好，却还找不到原因，只将一切推给别人、推给运气。

这样的人，如果无法真正清醒过来，运气永远都好不了。人生最痛苦的莫过于想要的太多，但是付出的太少，所以你永远不可能满足。

想要满足自己，很简单，提升你的能力、加倍你的努力，你的生活品质也会随之提升。

这可不是开玩笑。不久前，我跟一位朋友出去喝茶，听她讲了讲自己的奋斗史，实在是感触颇深。

这位朋友今年 35 岁了，还未婚，但跟很多人想象中的“老姑娘”不同，她很漂亮、保养得很好，许多优秀男士愿意追求她，而且她有很强的能力可以保证高品质的生活。但是她告诉我，五年前还不是如此。

五年前，她被相恋多年的男友给甩了，整天无心工作。当时正是她面临的竞争最激烈的时候，因为这个原因差点被开除。好在她人缘好，大家都愿意护着她，幸运地留了下来。

她开始思考，为什么自己这样的不幸？明明很努力、认真地生活，为什么命运总给她一些打击？我知道她一定会这样想，因为我这位朋友运气确实不太好，年幼时家庭就遭逢巨变，读书时因为一些巧合差点无学可上，也是一路奋斗才走到了今天。

不过她没有抱怨，而是找出了最根本的理由——除了无法捉摸的运气之外，她所有没得到的东西，都是因为自己的能力还不够匹配。

“所以，难道你是觉得自己的能力配不上你的前男友，所以才会被甩？要是这么想的话，那我就要失望了，这也太圣母了吧！这叫作无差别地责备自己，可不是真正的好想法。”

“怎么可能！我想到的是，我之所以会因为分手而受到这样大的打击，是因为我想要的太多，想要一份长久甜蜜的感情，但是根本没有努力经营，也没有淡然看待聚散的能力；想要在竞争中把别人踩下去，但是自己却还心不在焉。如果我还可以更好一点，一切都不会这样。”她说。

也许她不会分手，即便分手了也不会因为这件事导致整个人生都灰暗下来；她不会影响工作，就很可能会在竞争中以常态将对手打败，不至于重新开始挣扎……她想要的是那种游刃有余、精明强干的形象，但是她自己的能力还不足以达到，自然产生了抱怨和失望。

所以，她不再无意义地责备自己和别人，而是提升自己。当她真正走到了可以满足欲望的能力平台上时，就不必再羡慕或者自我怀疑了，她真正活成了想要的模样。

不要抱怨你的人生不幸，不要抱怨自己过得不如别人好，可能是因为你还没有与之相匹配的能力。

LADY FIRST 与你渴望的公平不可兼得

一

说起职场上的性别歧视，我还真是有点感触。实话实说，这的确不是女孩子们过于敏感的雷达在发送错误信号，更不是她们的态度不够端正、工作不够努力，实在是还没走进“职场”这扇大门，人家就从里面把门关上了。

听说最近还有了 HR“不招生育一孩的女性，原则上也不招有二孩或未婚女性”的潜规则，看来这次不光把门关上了，还没忘把窗户也插上。我想，上帝在创造女性的时候绝对没想到这个结果，不然他肯定就不费这个功夫了。

读大学的时候，我的老师曾经在课堂上说过：“现在有个现象让我很无奈，男生普遍不如女生成绩好。”我知道，他的意思是说“男生的表现不佳”，但这个类比怎么就听着那么别扭？合着女生成绩差就不无奈了？“女孩子读那么多书没用”，这样的论调就算不直接提，在很多人心里也是成立的。

这个世界已经男权惯了，当女人们从中争取到一些权利的时候，围观者总有点一惊一乍，跟八百年没出过家门一样。什么时候女人在外打拼、男人照顾家庭不再为人所侧目，也能真正心平气和地看待“术业有专攻”，尊重女性和男性的性别优势，将家庭主妇与职场强人一视同仁，也就算真正公平了。现在看来，我们大概只摸到了这个概念的尾巴，离核心还有十万八千里。所以，太多太多的姑娘都在抱怨一件事——职场上的性别歧视太严重了！

对那些富有才华、具备能力也敢吃苦的姑娘来说，这是一种不公。她们就像训练已久的罗马战士，精兵铁甲配着骏马，寒来暑往十多年的训练，就等着领袖一声令下征战沙场了，人家说——“罗马亡啦！”

得，压根连展示的机会都不给你，就直接将你划归到“失败者”的阵营。冤不冤？冤不冤！你就说你冤不冤！

冤！

即便我们没有出众的能力、突出的天赋，只要一颗渴望公平竞争的心被人弃如敝屣，他人唾手可得的机会永远没有我们的份儿，这声“冤”就喊得理直气壮。可还有一些姑娘，只能算是这场权利之战中的浑水鱼。一边跟世界宣告“我们要平等”，一边还要“Lady First”，发工资的时候要公平公正，做事情时却喜欢嚷嚷“人家是女生”，这就有点过分了不是？

既然你没有一颗真正渴望公平的心，世界又凭什么给你想要的待遇？

不久前，我的一个朋友小 Y 来找我哭诉了一通，表示自己惨遭职场上的性别歧视。过去我总是听到有这种情况，还是第一次真正见到身边人遇到，自然是非常义愤的。

我倒不是希望女性在职场上获得优待，而是希望能得到任何意义上的平等。所以，不管“歧视”和“女性”二字怎么组合，在我眼里都是各种不顺眼。这么说吧，如果愤怒可以具象化，我一定手中早就握住了炸药包，随时可以把这些歧视者炸上天。但是小Y的遭遇真正听起来，却让我的愤怒显得有些可笑了——说到底，这事还真不能怪别人。

说难听点，这不是别人在歧视女性，只是看不上她而已。

小Y的公司有几个实习转正的名额，而实习生恰好比名额多一个。不管怎么竞争，结果都是有一个人要离开。在这种情况下，大家的工作热情相当高涨，随时可以在办公室开始自己的“奋斗”表演，就是为了争取成为幸运的大多数，而不是倒霉的那一个。

小Y倒是也想这样，但是特别拼命、努力的话，不符合她懒惰的性子。俗话说“江山易改，本性难移”，别看小Y自己总是说着要奋斗，其实压根就没想多付出一滴汗水。

拿多少钱干多少活，这是她的职业座右铭。当然这是无可厚非的，不过小Y自己这样想，别人可不一定，大家都忙着在人生的第一份工作上努力。不论男女，每个人都非常忙碌，有些时候就算是女生，脏活累活也得直接上。

比如他们的办公室中，有几个饮水机需要自行更换饮水，因为楼层太低没有电梯，大家都是轮流做这份工作的。尤其是实习生们，这可是真正的廉价劳动力，搬水抬水自然就成了他们的活。这可把许久没做过体力活、在哪都是小公主的小Y折腾坏了。后来，当别人看她实在是太勉强，问她要不要帮忙时，小Y就顺理成章地将这份活转嫁到了别人身上。

“绅士精神嘛，男生本来就应该多干一点活。”小Y理直气壮地说，我知道她就是这样想的，所以说起来毫无勉强。

可是其他女生却还是坚守在自己的岗位上啊！怎么不见她们叫苦叫累呢？对小Y来说，这是她们不懂利用女性优势，缺乏女性魅力的表现，还偷偷在背后吐槽过这些姑娘，但在别人眼里，可就不是这样了。

至少在老员工和上司的眼中，这就是诸多实习生都能吃苦干活，只有小Y什么也不能做的表现。

她不算不努力，但也不怎么勤快，只要不是自己的工作就都视而不见，心里想着“男生就应该多做点”。所以，男孩子们没事帮同事扛扛箱子、搬搬东西，平时多加会班，还有老职员使唤他们做这做那，小Y就比较清闲。

为此，她还曾经窃窃开心过——看，这就是身为女生的好处。

可实习结束的时候，一切就不同了。几份offer独独没有她的大名，她哭了一下午，才从玩得好的同事那得到一句隐晦的回应:“老板想要几个男生，能干活。”

“凭什么歧视女生，女生就不能干活了吗？他压根没给我机会展示我的能力！”小Y这样说。

他没给过你机会吗？这一刻，我真想晃一晃小Y的肩膀，听听她脑袋里面的水声——明明是你把公司当成自己家一样，使唤别人毫不手软，工资和工作不成回报，所以才会被裁掉啊！

指望老板无缘无故给我们“女性优先”的待遇，不如等着天上

掉馅饼，就算真遇到了，也趁早卷铺盖跳槽得好。

这情况，要么就是老板觉得你有利可图，要么就是他脑子有坑——开公司开成慈善基金会，这是迟早要完啊！

所以，我们在职场上得到的一切，都是踏踏实实汗水的回报，是实实在在努力的结果。也许你会因为运气的多少而得到不同的成果，但绝不会单单因为性别为“女”就受到优待，能获得一个公平竞争的平台已是不错了。

为什么很多岗位上，女性的工资待遇总是低于男性？隐晦的性别矛盾也许是一个原因，但更多的可能是，女性创造的价值比男性更低。也许是你，也许是你的前辈们，她们挥霍了曾经拥有的机会，从公平竞争的平台上将一手好牌打得稀烂，最终自己降低了自己的评级，甚至影响了后辈。这，怪得了谁呢？

为什么很多岗位总愿意招收男性？因为花一样的钱，他们能干更多的活啊！从老板的角度讲，工资就是在购买劳动力，如果你抱着需要照顾的心态，擅自将劳动力打个八折，人家为什么不选择隔壁买一送一的勤快小伙？我们要推销自己，就只能更加努力，甚至比男孩子们还要努力。

在那些努力的姑娘们力求为自己争取一份平等权利的时候，你可以保持沉默，但请不要一边享受她们带来的好处，一边想着占取性别的便利。

你渴望的平等，终究无法与特权和平共处。

我想起自己也曾做过别人眼中的傻事。

那还是大学时候，我们几个女生凑在一起，准备在开学时摆摊卖点生活用品。想法不错，实施起来却有点艰难，单说这么多锅碗瓢盆每天这么运来运去就是个麻烦事。几个女生一合计，还是把男朋友叫来干活吧！

养兵千日用兵一时，此时不秀恩爱何时秀！

第二天一见面，我就赶紧将手里一半的物品丢给了男朋友，心里还有点小愧疚，生怕不小心虐到旁边的单身狗，可回头一看，发现压根不是这么回事。

怎么她们都空着手？都！空！着！手！

再看旁边，被拉来当壮丁的某男友一人生扛了一宿舍女生的杂物，正摇摇晃晃走得好不难受，我的小心脏也随着他的步伐一颤一颤——要是摔坏了，我心疼。

思来想去，我还是忍不住暗示了一番，既然是女生们自己的事情，是不是多少也得干一点？可姑娘大手一挥，非常豪情地说："不用见外，这是男生该干的，我们直接过去就行！"

我看着手里的脸盆水壶，整个人都不好了。内心脆弱的自尊就像一束即将熄灭的小火苗，在对方秀恩爱的狂风和诱人提议的暴雨下倔强地挣扎，就是不肯低头。最后，我还是吭哧吭哧地来回几趟，尽量多地搬运了我们的东西。

"你怎么这么傻！"姑娘们都这样说，连男朋友也劝我，让我像她们一样歇着去。歇着不好吗？是手机不好玩还是坐着不舒服？当然不是，只是我不能向这样的"糖果炸弹"妥协。

当我妥协过，就再也没法理直气壮地说"我想要平等"了。正因为我要有跟男孩们一样势均力敌的实力、平等竞争的待遇，我才要付出一样多的汗水和努力，才不能享受女生应有的照顾。

这样的性格可能不受喜爱，但真正渴望公平的姑娘，大概都有这样让人不太喜欢的灵魂。她可能倔到有点扎人，傻得不知好歹，但也不容否认这值得尊重。

这就够了。

寻找捷径不等同于投机取巧

如果将人生的求索可以比作在一条长长的跑道上奔跑，那我们每个人都在以不同的姿态前行着。

普通人循规蹈矩地前行，有的特别努力，所以很快就超越了别人、脱离了大团体，远远一路领先；有的隐藏在群体当中，是平凡大众的一员，看起来不太起眼，只有他自己才知道这一路的奋斗与付出；有的边走边停，享受前行的过程而不在意自己获得了什么。还有些特别的人，一出生就快要到达终点线，很容易获取别人轻易得不到的成就。

当然，还有一些人，特别擅长寻找捷径。他们不会像大多数人一样规矩，想法总是比一般人灵活，所以特别容易找到曲折跑道边上掩映的那么一条捷径，轻轻松松来个弯道超车。

羡慕吗？向往不？当然，所以现在有太多的人开始热衷于寻找捷径，谁不愿意付出更少、回报更多呢？这是人之常情。

要是我也能找到这样的捷径，只要不违规不犯法，说实话，我也抵抗不了那些高回报的诱惑。

“这是另一种高效。”朋友是这样评价的，“放着可以走的捷径不走，而是硬要老老实实走别人都去走的路，有时候不是踏实，是死板，是过于循规蹈矩。路在那里就是让人走的，你用自己的智慧和技巧，让自己比别人更快，这完全没有错。”

的确如此。比如需要泛读书籍的时候，大多数人都是翻开书本的内容一页页认真读，只是提高整体的速度，但我不同，我喜欢先打开目录翻看。如果目录一见即知内容，那我就不会再看这本书，除非有特别感兴趣的地方或者目录没有表达清楚的内容，我才会认真翻看。但只要是我看的文字，都是要慢慢读、认真读的。

毫无疑问，这种方法与别人的泛读有些不一样，但我觉得完全算是可取的捷径了。我读了自己感兴趣的内容，而且将这部分内容认真琢磨了一番，还获得了比别人更高的效率，难道应该被批判吗？

所以姑娘们，如果你也找到了一条安全的捷径，不用怕，放心大胆地走。那些在背后指点你、嫉妒你、不赞同你的人，只是缺了别人给他一个走捷径的机会罢了。而你，终究会把他们甩在后面。

但是，走捷径不代表就是投机取巧。

简单来说，我把走捷径当作一种有效压缩，让效率大幅度提升。但是投机取巧，不过是表面功夫罢了。沉迷于表面功夫不可自拔，不是你在欺骗别人，而是别人在欺骗你。

我接触到的一位作者L小姐，就深谙这其中的区别。在纸媒时代，她出版了书，为报纸写过专栏，还在颇有名望的出版社做过编辑。要是放在纸媒的黄金时期，怎么说L小姐也能发展成一个“小神”，运气好的话一跃成为“大神”也不是不可能。可生不逢时啊，这年头看书的人少，买书的更少了，L小姐在这个行业里碰了太多壁，最后才发现——得，还是另寻出路吧！

她选择在互联网上成为自由媒体人。那时候互联网的魅力已经逐渐显现，L小姐作为自媒体开始打造自己的公众号，有时还在知名网站刊登专栏。

因为深厚的功底和早早经营，她很快在这块处女地上崭露头角。经常有平台邀请L小姐接受采访，讲讲自己到底是怎么经营好自媒体、拥有让读者喜欢的写作技巧的。但是她很少答应对方，也不爱去宣讲什么经验。

“有什么可说的呢？他们不过是想知道怎么把一切变现罢了。他们才不关心要不要培养文学素养、要看多少书走多少路才能写出好的文字，只想着用各种文字技巧来俘获读者，只想用商业化的经营来打造公众号。”L小姐有点不屑地笑了，“这都是投机取巧。”

看，有实力的姑娘就应该是这样的态度，因为能力足以匹敌自己获得的赞誉与追捧，所以可以对投机取巧的小道不屑一顾。

“她也就是说说别人，谁不知道她的公众号是怎么做起来的？还不是靠以前的编辑同事、读者和作者朋友帮她站台宣传，这种自带粉丝的人，不也是投机取巧了吗？”有的人这样说。

的确，L小姐的公众号不算是完全从草根做起，一开始就号召了几千个固定的读者，加上大家不定期地帮她转发宣传，可以说商业手段也不算少。但对于这样的诋毁，她特别理直气壮地回击了。

“没错，我就是走了捷径，但注意，这可不是投机取巧，我是有实力、有东西给你们看的。”

她的公众号也是靠着自己一篇篇文章支撑起来的，运行了三年才有了足够的规模。每周一篇推送，L 小姐从来都没有因任何原因推迟过，甚至刚做完手术在病床上，恢复了几天就赶紧爬起来赶稿子，一有时间就阅读读者的评论，看好电影跟好文章，只为了让自己能写出有一定深度的东西。

在这之前，她更是积累了许多年的文字工作经验，一年阅读百万字以上，是因为有足够的实力积累，才让她有了那么多愿意追随的读者粉丝和作者朋友。不然，谁愿意赌上自己的名誉为她站台呢？

“自媒体时代，也是内容为王。”L 小姐说，“就算我也有人帮助，起点比一般人高，但那时候的规模跟现在比起来不值一提。能有今天，还是要看我自己的水平。”

这样的捷径，就是可以让你走得更快一点、更早一点，但绝不是让你轻而易举获得与自己不匹配的收获。就像在人生的跑道上，就算你从捷径弯道超车了，也得有跟身边人同水平的速度才不会被甩下啊！要是硬要投机取巧，无异于是山鸡混进凤凰堆，分分钟容易被揪出来批斗。

所以两年过去了，各种公众号一批批出现又纷纷消失，连个水花都不能激起，最多只能在人们眼前混个眼熟，但是 L 小姐的公众号依旧是屹立不倒，出书签影视忙得不亦乐乎。

你要是硬把她的成功归结于一开始走了捷径，这得是多么简单粗暴的捷径啊，是不是直接从起点联通到终点的任意门？所以别找借口了，正视现实吧——市场都告诉我们了，她的成功还是靠着自己的实力，捷径只是一个机会。

所以，走捷径可以，千万别投机取巧。

我的表妹就特别热衷于投机取巧，说了多少遍也没有改进。读书的时候，这姑娘就沉迷于挑战“复习一天保证不挂科”的记录，各种小手段、小办法齐齐上阵，但就是不愿意老老实实听课、认认真真复习。

大概是小聪明有一些，小运气也不缺，她还真就有惊无险的毕业了。可这又怎么样呢？表妹的平均成绩差得非常稳定，保送没戏，找工作犯难，谁看到这成绩都摇头。没办法，考研吧！

这就硬生生比别人多奋斗了一年。没考过研的人不知道，它甚至比高考还要折磨人。毕竟当你高考的时候尚且年少，轻狂天真之下很难感受到高考重压背后的现实意义，但考研时你就会发现，自己是赌上未来在参加一次考试，心理上压力更大。这一年的拼命几乎让表妹掉了半个魂，一切尘埃落定之后，她才发现自己瘦了几乎20斤。

“真的是一时投机取巧，以后要加倍来还啊！”表妹告诉我，“如果我当时能保送，现在不就什么事都没了吗？”

如果我当时不投机取巧……哪有那么多后悔药可以让我们吃？与其在之后付出代价，还不如一开始就慎重对待。那些投机取巧让我们吃的亏，希望每个姑娘都不会碰到。

每一刻，都要为虚度年华而悔恨

“当他回首往事的时候，他不会因为虚度年华而悔恨，也不会因为碌碌无为而羞耻。”——保尔·柯察金

哪怕你没有看过这部中学生必读经典，也一定听过这句耳熟能详的话；就算没听过，恐怕也曾经在食堂、走廊、领导办公室等任何一个可能的地方看到过。每次看到这句话，我都会在后面补充一句——“这太困难了。”

我想每个人都能读懂这句话的意思，你不会因为虚度年华而悔恨，并不是因为你已经无可救药，而是你从未虚度年华，所以心满意足。能做到这句话的人，一定是一个永远充实、永远拼尽全力奋斗的人。

但我敢保证，并不是永远充实的人就不会在回首过去时悔恨了。事实上，除了那些真正虚度年华的人会后悔之外，即便你已经将过往的每一分钟都利用得很好，你也一样可能会后悔。

很简单，因为你永远会变得更好，对自己的要求永远都更高，只有这样的人才能永远活力满满地走下去。但同样，这样的人也永远对过去是不满的。

“虽然以前一直觉得自己很努力，但是现在看过去的自己，就觉得我一直在浪费时间。要是过去也能以我现在的效率、能力和眼界去做事，那我得创造怎样不可思议的未来啊！”

“别说傻话了。我敢保证，以后的你看现在的你，也是这样不屑一顾。”

如果你是因为现在的自己变得更好了，所以在回首过去的时候产生懊悔，这不是一件很好的事情吗？因为你在前行啊！

所以我希望，你也可以成为这样永远做得更好的姑娘，永远在为过去的虚度年华而悔恨。这说明，此刻的你就比上一秒的你更优秀。

一个优秀的人总是善于在过去寻找错误，并且不断反省自己，阿淼就是这样的姑娘。

别人看来，阿淼是个足够努力又足够幸运的人，沉稳早熟的性格，让她在懵懂的少年时代都没有做出过什么令人发笑的蠢事，一直清醒理智地走在通向目标的路上。

她喜欢跳舞，从小就缠着母亲报了芭蕾舞学习班，听到老师说她的身体条件不算太好，阿淼嘴上不说，却沉默着每天比别人多练两个小时。技术可以补足身材上的缺陷，她成了剧团里唯一一个身高离标准线还差一点，却还特招进去的舞蹈演员。

两年不到，阿淼就当上了芭蕾舞剧的女主角。当我在台下看着她在光影当中摇曳生姿的时候，脑海中浮现的却不是她最光鲜亮丽的此刻，而是多年前的一个午后。那天我推开舞蹈室的门时，看到空荡荡的教室里只有她辛苦压腿的背影，背着光，她转过头来，汗水止不住地滴在地上。

那一刻，我仿佛从她身上看到了梦想的模样。我见过为了未来而拼命努力、坚持奋斗的人不多，阿淼绝对是其中之一。

我想，这样的姑娘不成功，那真是天理难容了。我要是能做到她这样，肯定特别骄傲、永远都不会后悔。有什么可后悔的，难道要后悔自己以前太拼命，没有享受过懒惰、逃课和叛逆吗?

但阿淼和我想的却不同，她也有后悔的地方，而且经常感到后悔。当我问她有什么遗憾的时候，她特别认真地说:“什么叫有什么遗憾?你应该问我，现在有什么遗憾，因为我时刻都有各种遗憾，一直在后悔。”

“为什么呀?你都这么完美了，还想后悔，要不要别人活了呀！”我听到她的话都忍不住咬了咬牙——实在是太招人恨了。

“比如现在我就特别后悔，如果昨天我能多在舞台上练两遍，说不定就能找到感觉，刚才就不会偏台了。你没注意吗?在最高潮的那段，我没有站在舞台中央，这是不可原谅的失误啊！”阿淼说着，还真就不太高兴起来。

她原来一直都会后悔的，好像个小学生一样，永远在反省自己。昨天的自己哪里没有做好，今天的自己出了什么问题，阿淼的脑子里永远都在盘旋这些问题。有时候我在想，这个姑娘会不会被自己的责难所压垮?毕竟她对自己的要求好像太高了。

但是没有，她习惯于这样并且不断前进。至少后来，我再也没有看到一次她表演时偏台的情况。

“现在的我还有很大的努力空间，而以前的我，简直没眼看。

我都不敢去翻那时候的表演视频，太羞耻了。”阿淼这样说，“真不知道那时候我的时间都用在哪里，心都放在什么地方了。”

在我眼里，她的心是一直专注于所热爱的一切的，但在她眼里却不是这样。归根究底，我想还是因为她现在变得比以前更好了吧！

要是你也有这样不断变得更完美的能力，我敢保证，回首过去的时候你一定也是悔恨的——说不定还想穿越回去掐死当年那个犯傻的、犯错的、犯病的自己，让曾经虚度的年华重新回到身边。

这不是一件坏事。只有永远自满自得的人，才会沉湎于过去和现在，停留在同一个地方不断转圈，永远没有前进。

说起来，嚷嚷着“真想掐死过去的自己”的姑娘，在我身边还真不少。小K就是一个，她倒不是因为自己犯了什么错迫切想要弥补，只是觉得自己将青春都浪费在了不值得的人身上。

我还记得她跟前男友之间“轰轰烈烈”的往事。这男人从哪个意义上来看，都不是什么值得托付的对象，外表欠佳、人品负值，只是有一点能力，但在油腻虚伪的气质下一分不值。可没办法，谁让小K喜欢人家呢?

男人都提了分手，直言自己有了新的追求者，小K还是死乞白赖不肯放手，哭哭啼啼弄得相当狼狈，唯一想要的就是复合。这姿态真的太低，已经不只是低到尘埃里，甚至要低穿地下室了。

纠缠了三个月，连我们都看不下去了，小K才渐渐缓过来。后来她很久没有再交男朋友，而是思考了许多关于恋爱的意义，从这段失败的经验中真正走了出来。

她开始懂得，一个值得自己爱的男人应该是什么样的，一个未来的丈夫应该是怎样的形象。她成长了，而此时的她再回首那个前男友，再品味自己当初所做的傻事时，唯一的评价就是——

“给我一个时光机，我会亲手过去抽自己一巴掌。”

你看，因为虚度年华而悔恨，并不是一件令人无奈的事，而是值得你庆祝的想法。至少现在的你，更加清醒了。

没成果的坚持，不如提早放弃

一

坚持就是胜利。

在过去的许多年里，不知多少人在我耳边说了多少次这句话。现在想来，我真想有选择地对他们中的某些人说：

“滚吧！”

坚持也是需要选择的。好的坚持，的确让你的胜利机会多了那么一些——是的，我也不想昧着良心给你打包票，事实就是如此，我们必须坚持才有机会获得胜利，可不一定所有的坚持都能保证你成功。只要有希望，你就应该坚持去试一试。

而不好的坚持，只是“不撞南墙不回头”的固执而已。这样的坚持需要继续吗？当然不需要！劝别人在无意义的事上不断坚持，都是在搞谋杀，因为你在浪费别人的生命。记住，没有必要的坚持不必固执，没有成果的奋斗，坚持下去还不如提早放弃。

没人会怪你的，如果有，那一定不是为了你好。

斯文刚走上工作岗位的时候，就被通知要承担一个项目的策划

和跟进。当时我就觉得情况有些不对——明明斯文还是个需要别人带的新人，为什么要派给她这样需要独挑大梁的工作？

斯文还以为是公司看重她，或者想通过这种方式来考验她的能力上限，没想到打听了一番才知道，原来这就是个人人都避之不及的坑，只是大家谁也不愿意接手，最后砸到最倒霉的新人头上而已。

这个项目虽大，但斯文的公司只承担一部分工作，其他都要与甲公司合作，所以项目的跟进时间比自己要负责的工作时间长很多，利润的大头也要分给甲公司。可以说，公司里谁去做这个项目，谁就是出力不讨好的，不仅难度大、时间长，而且利润分到手的钱也不多。想派斯文去，其实就是无人可挑所以找了个软柿子罢了。

“怎么办？”斯文问我们。

“我认为，如果你的公司在合作上已经表现得非常消极，你最好还是推掉这份工作，或者建议上司找人跟你一起。”我建议，“首先，这份工作很难，甚至于你无法得到同事和上司真正的帮助；其次，你现在的能力根本不足以做好这份工作，如果出了问题就是对合作者的不负责。”

大家也都是这个意思，有些时候，我们还是应该在该放弃的时候选择放弃，去做合适的事情。也许一段时间之后，斯文有选择的权利，但并不是现在。

斯文却有些不服气的样子。我知道，这姑娘一向是特别骄傲的，就算心里对自己的那点能力是门清的，嘴上也绝对不会服软。这不，她思来想去还是撂下了狠话：

“我要去，还要把事情做到最好，不然他们以后不就更看低我了。”

我的姑娘啊，现在重点是这个吗？你的同事才不会看低你，只要不涉及他们的利益，你做成什么样他们都不会放在心上的。相反，你这样的态度，说不定别人还要看你笑话呢！

真不是我耸人听闻，而是事实的确如此。斯文的坚持在我看来毫无意义，完全是在争一口气而已。她就算是天才，也需要学习的过程，但这个项目已经没法留给她成长的时间了。

她必然要用一个尚未准备充足的面貌，直接面对大量的工作压力和问题。即便成长了，过程也必然相当残酷。

斯文的经历显然印证了这一点。毫无经验的她即便恶补了一段时间，还是遭到了甲方公司的合伙人的嫌弃，不仅常常排挤斯文，不重视她的建议和看法，对她一些不太成熟的表达也是嗤之以鼻。经常遭受打击，虽然让斯文得到了经验，却也丢失了心态。她开始越来越容易患得患失，总是焦虑不安。

“别坚持了，快找一个人跟你分担工作吧！你已经把前面费力的事情做了，会有人愿意跟你一起的。”有人劝她，毕竟她的状态太不好了。

“不，难道让别人来摘果子吗？我就不服气，我怎么就不行了，前面做得也挺好的。”斯文还是固执地要坚持下去。

项目快做完了，但斯文在其中做的工作和她犯过的错误几乎能互相抵消，甲方多次向斯文的老板反映问题。老板一开始也知道斯文不容易，所以有心护着她，可是时间久了，就对她有了意见，怀疑斯文是不是认真做事、有没有用心去学。

“跟你一起进公司的小王，现在做项目已经有模有样了，斯文啊，你也得加油了啊！”听着老板还算温和的批评，斯文一肚子委屈没处诉，小王是有人带着慢慢走入正轨的，她一个人坚持到现在，容易吗?

不容易，可是，是你自己非要坚持的呀！但凡你愿意低下头去找老板说明情况，他肯定也不会让你自己去应付做不到的工作，你也可以像小王一样得到锻炼，按部就班地工作，而不是落得两边嫌弃的状态，但是斯文，是你自己选择了独行的路。

非要坚持到撞了南墙，还要怪这里的墙太高太硬，硌到了自己的脑袋，是不会有人同情你的。因为墙一开始就在那里，你无谓的坚持早就该清醒，又能怪谁呢?

虽然一开始是斯文的同事给她出了一道难题，但如果她能早点意识到那里的“墙”，愿意承认自己可能承担不了这份工作，而不是放出豪言壮语硬要尝试，她本可以避免这些问题。但现在，在合作公司那里的名声毁了，在老板那里的印象差了，说不定办公室的同事还要说她“没有金刚钻，却要揽瓷器活”，斯文实在是自找苦吃。

这样的事，你的身边遇到过吗？明明已经毫无可能的事，还是不死心要坚持一下，最终只有让自己变得更加灰头土脸；心里知道做不到的事，却还是硬着头皮接下来，坚持到最后才告诉别人自己不行，最后所有的责任都要自己担……这样的坚持，每多一分钟都是对自己和他人的不负责，千万别继续下去。记住，无谓的坚持就是固执，你最多能感动自己，感动不了其他任何人。

程程是我一个闺蜜，前阵子她刚分手，每天都不顾我们的阻拦去找她的前男友求复合。大概每个被甩的妹子都可能经历这样一段时间，明明想象中的自己可以潇洒转身，但现实中还是狠不下心斩断这段关系，所以总忍不住回去一次次暗示对方——我还在等你。

从“我还在等你”到“求你回来”，其实用不了多长时间，你的底线很快就会一点点失去，最终变成别人眼里可悲的样子。这时候的坚持，毫无意义。清醒一下吧，姑娘，好马尚且不吃回头草，一个决定离开你的男人，不可能跟你继续下去，即便他想，你也不应该答应，因为他要对自己的选择负责，而你要爱你自己。

所以，在已经破裂的感情上做无谓的坚持，也是一种错误。提早放弃并不是退缩，而是及时止损。你可能失去了一些东西，但保住了更多。若是坚持下去，只会让手中的筹码越来越少，最终输的一败涂地。

及时止损，及时抽身，你的放弃也是一种明智。

你得足够优秀，才会足够幸运

就算天上掉馅饼，你也得先张开嘴

我有一个有钱的朋友，真的不是一般的有钱。

这个有钱的朋友前几天邀请大家吃饭，兴致勃勃地跟我们说：“你们知道吗？简直是天上掉馅饼了，我中了彩票！”

“多少钱？”

“一万五！”

我有点无言以对，看他这么请客的热情，这些钱还不够他把所有人都请一遍，更别提跟他的收入和资产相比。可是，意外之财就是让人这么快乐，加上人们对于运气那种虚无缥缈的寄托，更是觉得这是一件天大的好事。

所以，不仅仅是你我这样的百姓会为了横财而喜悦，就算是有钱人也不能免俗。天上掉馅饼的事谁都想要，悠闲的日子谁都想过，就连我这位有钱的朋友，也挺向往那种躺在床上靠收房租过活的日子。

可就算掉了馅饼，你是不是也得先准备好接住？至少也要张开嘴，才能把这份意外的美味品尝到吧！如果你毫无准备，惊喜也可能变成惊吓，一块上帝送给你的馅饼，随时可能变成抽在你脸上的高空落物。就算你想中彩票，还需要进行一番有风险的投资呢，世界上又哪有什么送上门来的好事?

任何一个表面上意外幸运的人，背后可能都经过了漫长的准备和努力。所以，别被他们的运气欺骗了，是因为足够优秀，才足够幸运。

在我们这个行业里，桃桃的升迁之路是最传奇的，如果写出来必然又是一个“机会只青睐有准备的人”的典型。

有的人按部就班凭借资历升职，有的人拼命做业绩靠能力升职，还有的上头有人靠关系升职，桃桃大概是第一个做市场却靠外语升职的。

桃桃的公司是个中日合资企业，平时的主要市场都在国内，合作伙伴也都是国人或者欧美人，日方那边的老板很少会来他们公司，最多一年来一两次视察一下工作。所以，桃桃的公司里会说日语的人很少。

桃桃自己也不会。她就是做市场的，最多英语学得好一点，因为之前就职的公司跟美国在中国的商会合作比较密切。但是来到这家企业之后，自从见过一次日方老板来视察，桃桃就决定要把日语学好。

“听说总部是在日本的，很多有技术的人升迁之后，都有机会派到日本总部学习一段时间，回来之后肯定是升职的。我也想要这个机会。”桃桃跟我说。

“可是你不做技术呀，学这个又有什么用呢？”我开始还有点疑惑。

桃桃羞涩地笑了，怀着一点天真的盼望：“万一有机会呢？再说多学一点东西也没有坏处。”

桃桃大概只能成为公司里一个日语学得也不错的普通职员，而且平时还没什么机会用。毕竟她既不做技术岗，也不是领导层，连跟日方领导交流的机会都没有。

但是意外就这么发生了。那天桃桃上班的时候听说，日方领导到中国来洽谈生意，正好要到公司这边看一看。可是公司没有接到消息，就没提前请翻译。现在，主管正在办公室里发愁这件事。

“您看我怎么样？我刚考出日语二级证书，多少能应付一下。”桃桃积极地说。

“真的？来来来，咱们去找老板说一下。”主管听了很高兴，就这样，桃桃有了一次在日方领导面前露脸的机会。

这次探访时间还挺长，桃桃不仅陪着日方的领导了解了公司的情况，还陪这位女士在市里玩了两天。临走的时候，日方的女领导非常赞赏地握着桃桃的手，说：“你很像我年轻时候的样子，是个有前途的年轻人！如果有机会，请你也来日本这边学习、参观。”

女领导似乎并不是说客气话，至少桃桃的老板听到之后上心了，年底的时候就将桃桃放在了派往日本的名单里。就这样，她成了唯一一个不是技术岗却去日本学习过的人。回来之后，她就升职了。

“桃桃运气真好。”“当时怎么不是我陪领导呢？”……这样的论调，有时候也在不经意之间被人们提起，可是只要一句话就能让他们闭上嘴：“你们会日语吗？”

他们看到的是桃桃意外得来的好运气，我却看到了她过去一直做好了迎接运气的准备。能用上自己所学的日语并且获得赏识，的确是运气、是意外的馅饼，但是愿意为了这份不确定的未来而努力，才是她最终将幸运握在手中的原因。

每个接住好运的人，一定是在背后做过许多准备的。

就像我的一些朋友，总能在网上购买到打折的商品，或者比别人更早地知道一些抢购活动的时间和流程，这在他人看来是很省钱、运气很好的。殊不知，他们每天也要关注各种打折公众号的推送，从里面找到自己需要的、确实物美价廉的产品，再设置好抢购的提醒时间，保证自己可以第一时间竞争过别人，成为那个“前一千名”的幸运儿。这不是运气好，是准备充足。

没有人可以永远在无准备的仗中获胜，一个总是能赢的人一定有自己的特别之处。我们可以希冀自己的运气好一些，但更要为了这份好运而努力。

譬如凯特王妃，作为戴安娜王妃之后英国皇室最为耀眼的平民王妃，她在英国人眼中的形象相当好，拥有聪明的头脑、自信的气质以及足以匹配王子的优秀履历，所以才能在学生时代就俘获王子的心。但很少有人知道，她进入王室的过程并非全然的幸运，而是可以算作“处心积虑”。

凯特王妃在中学时就发下豪言，说自己将来要嫁给王子。谁会相信这个姑娘的胡言乱语呢？但是她一直很努力，母亲将她送进贵族学校读书，她就做到课业第一、业余爱好丰富，努力成为一个当得起王妃身份的女人。她进入大学的时候本来比王子高了一年级，硬生生休学了一年，最终和王子在同一专业成为同学。如果你说这都是巧合，我是有些不信的。我更愿意相信，她真的将自己的豪言壮语当作梦想，为了这万分之一的概率去努力。

越是走就离王子越近，但即便她站在王子身边，也不敢保证这个人一定会爱上自己。可是为了有这个机会，她就愿意付出努力去做。可以说，她早做好了成为王妃的准备，然后一直等待着这个机会。

这样才会在幸运来临的时候，让她脱颖而出。

如果我是王子，也会爱上她。因为别人都在等待我选择她们，等待我将幸运送到她们手中，只有她，早就修炼出了一个王妃的样子，并也在向我靠近，自然会比别人更加耀眼。

只有做好了准备，你才有资格承担好运。否则，就算运气在，你也未必有接住它的能力。

醒醒，还记得你说的豪言壮语吗

一

我一向认为，聪明人的定义就是谨慎地说、大胆地做。

大多数人都是相反的。说出豪言壮语的时候非常干脆，毕竟说话多容易呀，上下两嘴皮一碰，轻飘飘就能说出令人震惊的话来，哪怕是夸下海口也就是几句话的事情。但是做事多麻烦呀，你口中再微不足道的一件事，做起来都要花费精力，更何况是做足以炫耀的大事了。

所以，太多人豪言壮语说出了口，转身便后悔了。别说做成，他们甚至都没有去做过。

可我不希望成为这样的人，因为谎言说多了就会习惯，哪怕不会自以为是，也会习惯于“说到但做不到”的状态。成为一个只会打嘴炮、一做起来就手足无措的人，真不是我的梦想。

一个聪明的姑娘，应该知道自己该做什么、该说什么，哪怕你是个说话无足轻重的小人物，也要把自己当作女王一样慎重对待你的人生，包括你说出口的话——否则，你自己都不重视自己，又如何有资格要求别人？聪明的姑娘不会沉溺于言语所描绘的虚幻场景中不能自拔，或者习惯于将说出口的话当作空气。如果你不能做到，你将会发现自己的话变得越来越不值钱，越来越轻飘飘。

你会发现，你在透明化。当所有人都无视你，就是你要为自己说过的话埋单的时候了。

小鱼是个自尊心特别强的姑娘，大概是从小习惯了成为朋友中的焦点，所以进入职场之后，她还是不习惯别人将目光从自己身上移走。

一开始，当她在新环境中成为最平凡的一个时，小鱼特别不舒服。很简单，因为她资历最浅、实力最差、熟悉的朋友最少，所以平时大家虽然会带着小鱼一起，话题却不会围绕在她身上。尤其是跟工作相关的事情，小鱼的话在他们眼中是无足轻重的。

毕竟，小鱼还在学习当中，她能提出的观点，同事们不仅能想到，而且要比她想得深远得多。所以，他们绝不会将小鱼纳入那个讨论最激烈、最靠近责任中心的群体，这让小鱼非常不适应。

如何才能彰显自己的能力呢？她每时每刻都在纠结于这个想法，想快速脱颖而出，想向周围人展现自己“powerful”的一面，想成为令人重视的人，想得快疯了。

我想每个人都经历过这样的阶段，最循规蹈矩的办法，莫过于韬光养晦、积累经验。当你的实力足够时，你的话语权也自然能拿回自己手里，你说的话，也会被别人记录在本子上奉为圭臬。职场也是这样实际而公平，你的话语权始终和实力相匹配。

小鱼却没想要提高自己的实力，而是开始学会夸下海口。当上司问她能否完成一项任务的时候，她恨不得拍着胸脯告诉他：“当然行，你把时间提前一个月我都能做完。”收获了上司的赞赏和惊叹，小鱼觉得这个险冒得值了！

不就是加班加点吗，只要能在上司面前露脸，什么都行！

果然，之后同事们知道了小鱼的话，都对她大有改观，觉得这是个有些实力的姑娘，对她的态度也认真了不少。小鱼更加自得，但她还没意识到，自己的豪言壮语和实力并不匹配。

坚持了一段时间，小鱼才发现，想要完成任务实在是做不到。没办法，小鱼只得灰溜溜找了个理由推脱，总算是把任务给完成了。可想到周围人对自己的非议，她又不服气，所以下次还是要再打一次包票。

就这样，一次次的豪言壮语许下，一次次令别人失望，让小鱼的话越来越不被人看重。大家表面上附和，背地里没少议论小鱼不靠谱。就连新来的实习生，也知道有些事要找别人帮忙，千万不能找小鱼来做。

她总是这样，别人也不敢将重要的任务交给她，谁知道这姑娘会不会关键时刻又掉链子呢？所以，小鱼后知后觉地发现，自己的境况甚至比刚开始还要差，已经没有人愿意信任她了。

如果刚开始的小鱼，因为缺乏积累和资历在别人眼中的可信度是“0”，那么现在的她，因为过多无谓的夸口，已经变为了负数。

君子有一诺千金，帝王有一言九鼎，就是因为话说出口容易，但实现起来却很难，所以一个言出必行的人，才能在社会上获得更多的尊重。年轻不是放纵的资本，也不是轻佻的倚仗，不能因为你还年少无知，所以就可以口出狂言。相反，我觉得资历越浅的人，越要谨言慎行，因为现在的你说出口的话，在将来看来可能是天真到憨里憨气、傻到令人忍俊不禁。想要避免将来忍不住以头抢地的懊悔，现在就得管住自己的嘴。

一个有学识、有涵养的姑娘，必然懂得其中的道理。所以她们看起来往往是沉默的，但沉默不是因为退缩，而是因为心里有数，所以更有力量，不需要言语来为自己武装。

我的一位合作者小刘就是一个异常沉默的姑娘。一开始我们借助通信工具交流，我一直以为对面是一个 40 多岁沉默寡言的大叔，不管我用怎样轻松愉快的语气跟她说话，她的回答总是简单有力却又因此显得有些疏远，怎么看也不像是 20 岁青春正好的女孩。

但正是因为这种沉默和简洁，让她的每一句话都切中要害，所以我不得不重视。久而久之，她就在我眼里树立了一个言出必行、谨慎认真的形象。事实的确如此，她很少愿意为我打包票，只要拿不准的事情，哪怕是有 99% 的把握，她也一定要确认之后才会告诉我。

“不想说一些自己做不到的事情，因为别人可能会把我的话当真。”她说，“明知道自己做不到，还让他们怀抱着希望等待，实在是太不负责了。所以倒不如在一开始就把自己能做到的说清楚，将选择权留给别人。如果他们有更好的选择，我也会为此欣慰。”

小刘的态度对有些人来说未免有些冷淡，或者因为不能及时承诺，总有人觉得不够靠谱。但我反而觉得这是一种职业素养的体现，一个长时间浸淫于文字的人，会对语言特别敏感，我能看得出来，小刘的措辞都是精心思考过的，写下的每句话都非常恰当，既不会给别人自己能力之外的保证、让对方生出可能失望的希望，也不会过于谨慎导致传达不到位。

我想，这就是一个做事谨慎的姑娘，是个懂得对别人负责，也对自己负责的姑娘。正因为知道自己做不到，所以不会贪图夸口时的一时得意，在这个浮躁的社会显得多么难得，又多么清醒。

我也希望你我都能成为这样始终清醒的人，做一个担负得起责任的人。

现实告诉我们，拼爹的人比你还努力

一

早些年的时候，“富二代”是个特别刺眼的词汇，常常与负面信息联系在一起。如果你不幸也出生在一个家底颇富的家庭，一定有不少人同情地问候你的父母：“孩子最近没闯祸吧？没出去开豪车炫富？没打人逃课混日子？”

好像富二代就是醉生梦死的那群人，不喝着酒泡着吧挥霍着父母的金钱，就不算这个群体的人似的。

近些年，大家的想法又开始改变，富二代变成了那些比你出身好还比你更努力的人。很不幸，我发现这句话还确实有些道理，大多数的有钱人不管是白手起家还是父辈余荫，都是特别拼命、特别努力的。因为他们坐拥财富，才亲身体会或被亲人教导过获取财富的艰辛，更加明白工作的重要性。

你脑海中畅想的草根逆袭的故事可能不会那么容易实现，因为钱多人傻的人太少，没人愿意走你设定的剧本。就连最傻白甜的童话故事也知道告诉我们，灰姑娘之所以能够和王子一见钟情，是因为她是贵族，而真正的平凡姑娘，连进入舞会的机会都没有。

对于普通人来说，这大概是一个最绝望的消息。你看，那些出身比我们好的人竟然能力还比我们强、比我们更拼命，那我们奋斗一辈子也赶不上他们，还有什么努力的必要呢？是为了努力成为别人的对照组吗？

如果你也抱有这样的想法，实在是有些太卑微了。难道我们的一生需要为别人活着吗？难道比不过别人，就不应该抱有活得更好的目标了吗？就是因为你会这样想，所以才永远赶不上他人。

越是出身一般，你就越要明白，我们无路可选，只有拼命努力。尤其是出身好的人都那么努力了，你还有什么资格躺在床上消磨人生呢？看看银行卡里的余额，醒醒吧我的姑娘们！

你的奋斗应该是为了自己，而不是狭隘地与别人比较。

任何人的努力都应该是为了实现自身的价值，这一点与你是否出身良好没有任何关系。其实，用金钱和出身来标记一个人是最简单粗暴的，这个世界更应该划分为另外两个群体，那就是认真生活的人与挥霍时光的人。

一个认真生活的人，不因为自己是否拥有大量财富而改变心意，因为他们是为自己活着，而不是为了别人眼中的自己。

小华是我的大学同学，读书的时候，我并不知道她的家庭状况，只知道她是一个特别努力的姑娘。小华属于那种长相柔弱的女孩，特别容易激起男生的保护欲，就连我这样的女生也愿意关心她。关系好了之后，我发现她真的做事特别认真，认真到让我心疼的地步。

说实话，她并不是一个特别聪明的女孩，甚至跟我身边大多数人比起来还要笨拙一些。过去可能全靠着勤奋才能考上这所学校，而现在跟周围同样水平的人比起来，她学习就显得特别吃力。一些别人突击三五天就可以考过的科目，放到小华这里可能需要认真读上一个多月。就算是这样坚持，她还是无奈挂科了好几次。在不熟悉她的人眼里，小华这样的成绩明显就是没有努力过，但我却知道她熬夜点灯地复习。正是因为努力却得不到和别人一样的回报，我反而觉得这样的结果更加残酷。

“她就没有驾驭这个专业的脑子，不管再怎么努力也是没用的。”趁着小华不在宿舍，她的舍友曾经这样偷偷吐槽。

这话被小华知道了，她也难受了好长时间。我不敢想象，如果是我，在付出了努力之后还被别人说风凉话，被那些自诩聪明的人看笑话，还能否像以往一样继续坚持下去。但是小华并没有放弃，还是一直努力地尽自己的所能，把一切做到最好。

她的故事并不是一个学渣逆袭的故事。实际上，直到毕业的时候，小华的成绩还是一样的烂。但她这种始终坚持，将自己所能做的一切事都尽可能做好的态度也一直保留了下来。这成为她日后工作当中最宝贵的一笔财富，即便她知道自己比别人笨一些，但总是早早就开始准备，最终也比别人飞得远一些。

那些凭借着小聪明不愿意努力一点，还乐于嘲笑别人的家伙，就永远在愤愤不平当中泯于平凡了。

有趣的是，直到毕业的时候，我才知道小华的家境颇好。虽然平时看她的吃穿住行确实还不错，但并没有显露出什么特别不一样的地方，所以我们谁也不知道，小华竟然是东北玉石商人的女儿。

她还有一个姐姐，倒是符合我们的想象，平时恨不得一年有一半的时间在逛街，另一半的时间在度假。

“你明明可以轻松地选择过更好的生活，为什么还非要这么拼命？”大家都觉得很疑惑。平心而论，如果是我们自己的话，明明可以躺在金银珠宝上笑，才不会选择辛苦地在书山卷海中哭呢——尤其是当你遇到的困难比一般人更多，而轻松生活的选择也比她们更多，那坚持就变得更不容易了。

“我愿意选择是因为我更喜欢这样做，跟我姐姐喜欢度假旅行、选择轻松过活没有什么区别。我们都在向着自己想要的方向前行，过自己喜欢的生活。”小华这样告诉我。

一切的努力都源于热爱，也源于她自己那份不服输的精神。凭什么别人总用父辈的标签去定义她，难道一个出身良好的女孩就不能够获得属于自己的事业了吗？难道她努力一点，就值得被人宣扬歌颂、看作极为不易了吗？

在她看来，她不过是选择了一个正常人都会做的选择而已。

所以你看，一个愿意活得更好、愿意争一口气的姑娘，不管出生于什么样的家庭，最终都会走上一条相同的道路。家庭不是你不努力的理由，富足也好，平凡也罢，都不会阻碍一颗想要前行证明自己的心。

倘若你出生于一个富足的家庭，你应该感谢你的父母给你机会，但你不能过于依赖他们，因为未来的大多数时间里，你还是要依靠自己活着。倘若你的家庭不那么完美，也不应该妄自菲薄，因为那些更幸运或不幸的人，都还在努力拼搏着，你并没有放弃自己的理由。

幸而我身边的姑娘们多多少少都是愿意努力奋斗的，她们知道决定一个人真正价值的不是继承自父辈的多少财富，而是看自己从事了什么、付出了什么。甚至你不必用社会的普世眼光去要求自己，不必去追求世人眼中的成功，去做一件你喜欢的事情也是一种值得，去养家糊口承担一份责任也是一种值得，去选择享受你所向往的生活方式也是一种值得。

只是一定要记住，不要做一个放弃自己、碌碌无为的人，那些比你更有理由放弃努力的人尚且在奋斗前行，那些生在成功终点线上的人还在挣扎着想要走得更远，难道你就甘心被抛在后面吗?

我相信你不会的。

没追过的梦，没资格说它不值得

梦想之所以美，大约就是因为总在梦里触到，却总少有人能真正将它揽入怀中。

那它是不是就像吃不到的葡萄一样，真正吃到嘴里，才发现不那么甜呢？不必担心这一点，当你真的将梦想揽入怀中后，你会发现它比你想得还要更美些。

如果有人总说梦想不必追，真正追到之后你会发现并不值得付出那么多，那他一定是那只吃不到葡萄所以硬说它酸的狐狸。事实上这样论调的人比狐狸还要可怜一点，因为葡萄也许是酸的，但是梦想一定是值得你付出的。

之所以不值得，是因为他们压根没有追到就放弃了。没追过梦想，就更没有资格批判那些追梦的姑娘。

愿你也是个勇于追梦的姑娘，可以横眉冷对千夫指，俯首甘为梦而行。

我的朋友圈里，有个不太熟的朋友叫 K 小姐。说不太熟，是因

为我们彼此间没什么共同之处，不论是爱好、习惯、专业，乃至于长相个头，都差异颇大，唯一的缘分大概就是恰好被分在一个班，成了多年的老同学。

K小姐不仅个头比我高太多，性格也比我强太多。她没那么聪明，但是很自律，在我还习惯在上课铃响之前叼着煎饼果子跑进教室的时候，她已经靠勤恳和自我约束考到了全市第一；她不仅个子高，气场也强，一举一动中带着令人信赖的沉稳和气度；她脾气很好，既不过于轻浮活跃，也不木讷寡言，恰到好处的性子吸引了一众好友。要命的是，她还是潇洒型的漂亮，喜欢她的女生倒是比男生更多。

若是在古代，她必然是千军万马中的那个女将军，营帐中挥斥方遒，与同僚交杯换盏，以不输于男儿的姿态扛下家国大业。虽然深宫里千娇百贵的公主也会很美，庭园深深处温婉可人的大家闺秀也会很美，但那都不及她。

如此看来，K小姐大概是我的女神了。但她的路走得却不太顺，就如同木兰从戎，走了和别人不太一样的路，自然阻碍也多些。先是高考失误，打乱了她一生的规划，让她从名校跌落到二本。她未曾放弃自己，成为这所大学多年来第一个考入常青藤名校的学生，迄今她微笑的一寸照还放大贴在布告栏中，成为学校的炫耀资本。

但是选择了错误的专业，让她在工作场上沉浮迷茫，差点自暴自弃。那时候的K小姐，真是无助又脆弱。在失无可失的时候，她突然做了个决定，回国北上，在一家影视公司重新开始。

在一个完全没有涉足过的专业，去做一份与她的学历、经验都不符的工作。这个选择，不知道多少人感觉莫名其妙。

我却嗅出了一股“果然如此”的意味，只是没想到，她会这么执着于多年前的理想。这个选择，跟我们当年的一段对话有关。

那时候我们还在学校，整日无事就讨论些女生们关心的话题，今天是你暗恋的男生，明天是她喜欢的明星，要不就是电视剧、零食、八卦……青春嘛，就是这样的。

说到喜欢的明星时，大家都极力推销着自己的偶像：

“我喜欢 SJ13 这个组合！”

“我喜欢《暗道》的主角，那个新演员！”

……

“我喜欢侯导演。”一众小鲜肉提名里，突然冒出了这个莫名其妙的 40 岁幕后大叔，我们都愣住了，然后忍不住笑起来。

说话的就是 K 小姐，她那时候还很青涩，瞪着眼睛认真解释道：“他拍的电视剧都很好，特别敬业，我就是喜欢他的作品和人品。”K 小姐托着腮，眼睛亮晶晶，说：“要是有机会去他的剧组工作就好了，这就是我的梦想呀！”

后来她果然放弃了自己可以去的名校，报了顶尖传媒院校的导演系。可惜阴差阳错，没能成行。再后来，我以为她忘记了这个曾经的梦想，乖乖去美国修习深造。

她没有学成自己喜欢的专业，实现自己当时的理想，但她的眼光却经受了时间和大众的检验。在她身在美国的这些年里，侯导演终于凭借着自己多年如一日的高品质作品和认真的态度，从幕后走向前台，被越来越多的人喜爱。凭着这份信任和口碑，他建立了自己的工作室。

就是这时候，K 小姐决定回来了。她告诉我们，她回来追求梦想。

太多人为她不值，即便她拥有高学历和好经验，但在影视行业却是毫无特长、没什么资本，只能降低身价从基层开始。可K小姐却很坚持：“我在过去的行业走到今天，不也是从毫无经验开始的吗？我的经验、智慧和能力，都在脑子里带着，换到任何行业都可以用。”

这大概就是我们常说的核心技术？掌握了核心技术的人，果然跳槽都是有底气的。当然，我知道这份底气不仅仅来源于技术，更多的是来自热爱和对梦想的坚持。从那时候起，我就开始悄悄关注K小姐的追梦之路。

我承认，她做到了太多人，包括我自己不曾做到的事。过去那个英姿飒爽的女将军，仿佛再一次在我心里活过来了。

我们太多人都有过梦想，但是梦想也不过是一个梦，随便想想而已。在逐梦的过程中，谁都会遇到困境，有的困境稍微抬脚便可跨越，但一样拦住了怕苦怕累的人；有的困境漫长一些，不容易见到曙光，让无法坚持的人停下了脚步；有的困境仿佛拦路虎，让你的前路被结结实实地遮挡，但总有人死脑筋地不会绕个圈子，而是选择了另一个方向……太多的理由，其实都是一个原因——我们未曾相信过自己的梦想可以实现，自然从不抱希望，也不愿努力。

然而那时的你，也没想过自己将来可以成为一个怎样优雅、有魅力和成熟的女人呀！可如今，不也在渐渐修炼这份气度吗？可见，成不成也许不重要，信不信才重要。

因为不信，所以不愿追求与付出，你的梦也只是梦罢了。可既不肯尝试，又怎么有底气说一定做不到呢？

所以看到K小姐去“不自量力”地逐梦，我没有笑过她，反而期待她能够实现，就仿佛也能给我逐梦的勇气一样。虽然我已经有些忘了，曾经丢在箱子里落灰的梦，到底哪个才是我的初心。

“重新开始，其实真的很难。”回到北京打拼的K小姐，常常跟我们相聚，毕竟同在异乡也是一种难得的缘分，我也因此与她更近了一些。

“既然这样，怎么不转行呢？哪怕转个职位，你也可以做些跟影视相关的工作。”朋友说。

“可是，那都没有我现在做的工作有趣啊！”K小姐笑起来，还像个孩子一样真诚天真，只有渐渐成熟的气质昭示着，这已经是个大龄怀梦的女青年了，“看着一个作品，从无到有在你手中被呈现出来，再得到观众的认可，成为文化的一部分，是一件神圣的事。”

“听起来好像很好，虽然我体会不到，大概是我对自己做的事没那么热爱吧！”旁边的朋友悠悠地说，“现在明白你的选择了，真羡慕你。”

我早就明白了，逐梦的选择也许有些难，但一定会让你很快乐。而我突然发现，逐梦的女人似乎也更美一些，做自己喜欢的事，去实现自己多年以来的梦想，会让这个女人从内而外地散发出自信的魅力、笃定的气质与高雅的情怀。追梦的人，是不是都这样耀眼？

K小姐就这样痛并快乐着，在这个行业里浮沉坚持。她遇到过各种诱惑，也见识过影视行业的暴利，知道高回报和高投入不一定画等号，却和当年的偶像一样，坚持着奉献好作品。三四年的打磨，让她在两部轰动一时的影视剧中都留下了浓墨重彩的影子，也让她站稳了自己的脚跟。

如今在行业里，提起 K 小姐的名字，谁不说是年轻有为的制作人。也许在不经意之间，你们也曾看过她的作品，体会过她想要传达的话。

当年的偶像导演，如今成了她亦师亦友的上司和合作者，她站在了一个所有人都未曾想到的高度，去实现自己的梦，也实现别人的梦。她常说自己的工作就是“筑梦”，让别人梦想中的作品以最完美的形式呈献给所有人，这让她永远都不会疲惫，永远都很满足。

说这话的 K 小姐，以一个逐梦成功者的身份，让我看到了恬然的气质。这种气质是一个成功者的气质，是智慧者的气质，是优雅女人的气质。一个优雅的女人的灵魂里，不仅仅需要修养、魅力与美貌，还需要承认自己能力的自信，需要敢于逐梦的坚持与眼界，需要跨越过艰难险阻的淡定无惧，需要为人所不能为的气度和胸襟，这样的女人，才是最有魅力的。

未曾逐梦，何谈失败？而曾追逐过初心的人，无论成功与否，都会让灵魂得到厚重的积淀，以独一无二的体验明白人生的价值，在岁月间领会生活的真谛，从而获得优雅人生。

与其拼命高攀，不如自己先站起来

作为世界顶尖的科学家、施一公先生的弟子，清华大学的颜宁教授一度在互联网上拥有相当高的人气，即便到现在也是如此。我想，用再多夸张的语言和带有情绪色彩的夸赞去形容她都不过分，女神的外表、内心和实力，诠释给你什么样才是真正有智慧的学者——原谅我不会用“女学者”这样的词汇去形容她，因为她不需要性别的标签，一样那么优秀。

这样的一个女人，至今未婚。

事实上，很多男性科学家、成功人士在这个年纪都可能是未婚的，但如果你是一个女人，就从“钻石王老五”变成了“钻石剩女”，这里面的褒贬含义完全不同。世界对女人就是这样残酷，优质如颜宁教授，一样会被人在学术讲座上问起私生活来。

关于此问，颜宁教授的回应大意很简单：关你什么事呢？

是啊，别人的私事又与你何干？人们绝对不会想到在学术的讲座上问起一个男人的私生活，因为这是对他的冒犯，那为什么会问起女人呢？究其原因，还是因为太在乎了、太好奇了。似乎这个女人身上所有的光环，都会被那些关于她情感的三言两语所遮盖，把人们的注意力引到不可捉摸的地方去。

但像颜宁这样的女人都是不在乎的。她们靠自己的实力就可以站得很直，可以理直气壮地反驳那些来自红尘俗世的道德约束，想恋爱就恋爱，想工作就工作，压根不被别人的眼光所束缚。她们不爱，一般都是因为没有势均力敌的对象值得她爱。

她们可以在被人冒犯的时候，用一句“与你何干”将对方说得不敢出声，还能引起他人的声援，而大多数姑娘，只能在被别人催婚、催生的时候，在旁边悄悄地红了眼睛。

“干得好不如嫁得好”，这句谬论不知道误导了多少人。高攀一个有背景、有能力的另一半，的确可以让你瞬间跟身边同一层次的人拉开差距，但那大多只是别人看到的光鲜而已，一份不对等的婚姻，真的不会让弱势的那一个人受委屈吗？真的不会因为外界的指指点点与不理解而被迫沉默吗？真的不会因为强势的对象，而导致自己永远处于难以摆脱的依附状态吗？

与其成为菟丝子，喜乐不由人，不如做一株木棉花，真正活得潇潇洒洒、热热烈烈，这才是一个好姑娘应该向往的未来。

上个月，堂姐的女儿出生了。小姑娘窝在软软的小包被里面，被疲惫而温柔的母亲抱着，旁边站着眉梢眼角都透露着喜悦的父亲。看得出来，这一家人挺幸福的。

这让我想起很多过去的事情。说实话，堂姐能够获得今天的一切，我发自内心想要祝福她，因为她的过去实在是有些太不幸了。

堂姐前年其实刚结了婚，但当时的姐夫还不是这一个。是的，堂姐离过婚。她是个特别能折腾的女人，性格还有点强势，在结婚前不知道谈走了多少男朋友。但是堂姐长得好看、会做人，喜欢她的男人还是很多很多。

堂姐跟我说过，要找一个自己最喜欢的，又能忍受自己脾气的男人结婚。我想这样的人不太好找，但是放在堂姐身上却不一定不能成。可没想到过了小半年，她就跟我说自己要结婚了。

新郎身高一米八，体重一百八，看起来颇有些暴发户的气质，怎么看怎么不像是能忍受堂姐脾气的模样。这不是她最不喜欢的类型吗？可是堂姐一脸幸福地跟我说，他挺好的。

后来我发现，不是他挺好的，是他家挺好的，她少说了一个字。

堂姐的爸爸看上了男方家里的财势，觉得这样的家庭一定能给姑娘一个美好的未来；男方看上了堂姐的年轻貌美，觉得将来的老婆一定得是这样的才行。两家一拍即合，要是真能磨合下去未必不是一桩好姻缘，毕竟你有心我有意，想法功利一些我们也无从置喙。

“菲菲年纪不小了，工作也一般，要是找个连房子都没有的年轻人，那以后得吃多少苦啊？找个家里有钱的好，至少俩人将来能过上好日子。”堂姐的爸爸想法虽然功利，但也是为了女儿不受苦受累。

都这么说，堂姐就觉得这样也挺好了。

后来结婚的婚宴上，两家莫名其妙闹起了不愉快。堂姐暴脾气上来把喜服都摔在了地上，一句话不说地转身就走，差点没拉住。原来，婚宴办得特别豪华，堂姐家出不起这么多钱，男方一看干脆慷慨地自己掏了。本来不是个坏事，但临到最后，男方母亲说：“两个大包房一个给我家亲戚，一个给我们生意上的朋友和领导，没意见吧？毕竟钱都是我们出的。”

“那我们家的亲戚呢？”堂姐皱起了眉头。

“旁边不还有那么多小包吗？够可以了，反正他们也没来过这么好的酒店，不会觉得怠慢的。”男方母亲轻飘飘的一句话，就暴露出她压根没看上堂姐一家的想法。

原来每个人心里都有一杆秤，当你觉得自己占了别人便宜的时候，别人未必不清楚。还在那里窃喜的人，不过是没猜到之后自己要还什么罢了。

堂姐攀上了更富贵的人家，却没想到对方更加精打细算，早就把堂姐从头到尾称了斤两，知道自己该用几分态度来对待。在婚礼上就这样不给面子，更何况未来的生活呢？

没坚持两三个月，堂姐就因为受了太多委屈而离婚了。离婚的时候，她把之前结婚、秀恩爱的朋友圈都删掉了，我才发现堂姐短暂的富贵生活竟然这样脆弱，只能在照片上维持，而删掉了就不复存在。

吃了这个亏，堂姐的父亲再也没有提“高嫁”二字。堂姐终于有了底气按照自己的想法找一个喜欢的人，这一次，她没有选错。

爱情也好，婚姻也罢，有些时候总是需要势均力敌的。就算是你在职场上要站住脚，也同样需要足以匹配的能力来给予自己底气。与其总是将希望寄托在别人身上，指望着拼命高攀让贵人提携，或者嫁得更好用婚姻铺就台阶，不如自己先努力站起来再说。

当你自己站直了，拥有了与别人平等对话的底气，曾经需要高攀的对象会自然而然地向你靠近，而不需要你低三下四地恳求奢望。经营爱情如此，经营事业也是一样。

琳琳刚毕业的时候，被前辈们教导“关系”才是一切。所以她挤破头去参加各种宴会，就是为了让行业中的牛人们对自己眼熟一些，能从中交到几个关系不错的朋友，之后再提携自己。一次次地刷脸，有机会就请别人吃饭，琳琳还真认识了几个挺厉害的人，更有老总的女儿、总监的妻子，都跟她玩得不错。

她们也会在吃完饭之后，拍着琳琳的肩膀邀请她一起去美容，也会偶尔叫上琳琳去参加她们的聚会或者逛街，这让琳琳恍然间产生了自己“上头有人”的错觉。她底气足了起来，觉得自己也懂得职场的潜规则了。

不久，琳琳在一次工作失误后面临被辞退的风险。她慌张极了，赶紧去找自己那些“关系”帮忙，想请他们让自己留下来。没想到老总的女儿只是皱了皱眉，问道：“你怎么这么不小心，这不是我应该开口的事情。”而总监的妻子也闭口不谈，只是说：“我们都是私交，要是影响工作我丈夫也不会同意的。”

她们开始疏远她，这时候她才知道，那扇门从来没有对自己打开过，因为她没有站到同样平台上的资格。

琳琳被辞退了，才终于发现靠别人没有用，靠自己才是最重要的。如果这个世界上连你自己都不值得信任，那你实在是太悲哀了。所以她开始不断提升自己的能力，拼命向上爬，就为了有一天可以站在那个曾经高攀的平台上，靠着自己的力量站稳脚跟。

她意识到那一天来临，是在又一次跟总监妻子的重逢上。琳琳作为另一家公司的代表被很多人恭维讨好，总监的妻子看到了，赶紧也凑了上来，微笑着跟她叙旧。她看了对方好几秒，然后扬起了一个真心的笑脸，谈笑风生起来。

这一刻她终于意识到，拼命高攀不如拼命努力，当你站得更高，就再也不需要借助别人的力量了。

事实就是这样，我们想要获得自由和平等，靠别人的提携永远不可能达成，只有自己先站起来，才会赢得尊重。

难过什么，你又没努力过

命运就像一个恶劣的熊孩子，特别喜欢看别人出丑，所以你会发现自己常常莫名其妙地倒霉。

明明熬了好几天夜，马上要做好PPT，下一秒断电了——更惨的是你还忘记了备份；好不容易等到一个商务出国的机会，几千万的单子就要谈成了，大使馆那边突然礼貌地通知你，政策改了需要再办手续，但不好意思，已经来不及了；甚至于简单到出门乘车，走了很远到了公交站，你也可能发现自己忘了带公交卡，零钱也没有带，用手机买票？不好意思，没电了……

这样的境况总会让我们感到烦躁、难过。我们在前期付出得越多，后期的阴差阳错就越像是命运在跟自己过不去，所以开了这样残酷的玩笑。最艰难的时候，说不定那个街头痛哭失声的年轻人，就是我们中的某一个。

如果你也经历过，我只想抱抱你，告诉你，挺过去就会每天都更好。但还有很多人，明明没有经历过那样辛苦的付出，也会因为失望而感到难过，这种情况我就无法说什么安慰了。

毕竟，你又没有努力过，有什么资格说“失望”和“难过”？

二

听说小柯又要考公务员了。

她第一次考公务员是刚刚大学毕业以后。家里人都劝告她，女孩子考个公务员将来发展稳定，小柯也就动心了。不过公务员考试竞争相当激烈，而小柯受专业所限，又很难去竞争有相关专业限制的岗位，选择权就更小了，压力也随之提升。

她也知道有一些前辈顺利被录为公务员，成绩和能力都相当强，笔试肯定是名列前茅的。所以，小柯明白自己要好好准备这场考试。

“以后每天花 10 个小时以上准备考试，一周坚持 6 天，我肯定能行！”小柯对自己的智商和能力毫不怀疑，只要能坚持下去，相信自己肯定能考上。

看到小柯的计划，我也相信她只要坚持做到，就能够考中。

可是，她的自制力好像跟自己想象中有很大差别，大概是珠穆朗玛峰与门口小土坡的海拔差距。小柯的计划也就实施了一天，第二天就放弃了。

“天啊，太累了，让我多睡一会儿吧！”每天早上定好的闹钟响起时，她永远会被这个想法支配。后来，四个闹钟接连不断，哪怕就在小柯耳边唱四重奏，她也依旧能在睡梦中下意识将它们关掉。想把她叫醒？不可能的。

睡到中午起床，吃个午饭休息一下、晒晒太阳，就到了下午三四点钟。此时，小柯又开始想做点别的，有时候是看看电视剧，有时候是出门逛个街，很快天就黑了。

天黑了，咱们该学点东西了吧？不，在小柯的意识里，这是下班、放学的时间，又是可以放松的时段了。

而晚上每次早早躺上床，结果都是在游戏、玩手机当中度过。这样日复一日，小柯每天感叹着“哎呀时间真快，我又什么都没做”，每天都坚持浪费着自己的青春。

显而易见，她没有考中公务员。出了结果之后，小柯非常难过地哭了很久，满脸泪水地说道：“浪费了我这么久的时间，为什么还是没考上？我怎么运气这么不好啊！”

她开始抱怨竞争压力太大，抱怨报考的人太多，抱怨考试题目太难。唯独没有抱怨她自己从没为这件事认真努力过。或许小柯曾经还有这样的忐忑和自知，但是没有考中的失望和侥幸心理破灭的打击，让她已经没心情再去思考自己有没有资格抱怨，而是全身心地沉浸在“失败”的痛苦之中。

她身边也有这样的朋友，认真准备了却因为种种原因同样没考上公务员。听到这些人的倾诉，小柯就像找到了组织一样，也跟她们一起痛斥这个、挑剔那个，最终总结为“只是我运气不好，明年还要坚持一年”，她相信，别人都有这个自信坚持，她也可以在第二年再考一回。

不过小柯，你的朋友或许有资格难过，毕竟她们努力过，所以失望才会更大，而你又有什么理由去渲染你的痛苦呢？

你真的有那么痛苦吗？你失去了什么吗？事实上，你不过是得到了理所应当得到的结果，要是你真的侥幸考中，那才是对别人的不公平啊！

当别人认真努力的时候，你在睡觉、游戏、逛街和喝下午茶；他们为了提高一分而点灯熬夜的时候，你早就躺在床上准备进入梦乡。这样的你，有什么理由去幻想自己可以实现愿望、赢得竞争？

如果你从未付出而得到了失望的结果，是不应该难过的，也没有人愿意听你的难过。因为你所做的一切都在昭示着这个结果，而你的希望只是一种不切实际的侥幸，没有人有责任帮你实现。

亲爱的，不要做一个没资格难过的人！尽力而为才能无愧于心，如果从没有努力过，你连失望之后都不能理直气壮地倾诉，如果侥幸成功了，你更不能有底气地告诉所有人“这是我应得的”，就连享受喜悦都要偷偷摸摸。

只有真正努力走过的路，才能为你的将来铸就底气。

每个人都会有期待，当你为自己的期待努力过、尽力过的时候，就连旁观者都不愿意让你的期待落空，不然他们会心痛。但同样，如果你从未尽心而期待却被满足了，只会有无数人谈论你的幸运和不配，而你，毫无资格反驳。

这样的心满意足，都没有人可以与你分享。

在我读中学的时候，曾经遇到一个非常认真的老师。她年纪不小了，二三十年如一日地用最敬业的态度对待自己的学生，关怀孩子们的生活、关心他们的学习，是个严厉的老师，也是学生们温柔的家长。如果说还有什么不够完美的，就是她因为阴差阳错还没评上金牌教师。

金牌教师，那时候是对于一个一线教师最好的评价。如果你的班里有一位金牌教师，同学们上这门课都不敢不认真，因为考不好会在别的班面前丢脸——你们可是金牌教师带的班，怎么能考不好呢？我们的老师，也想要在职业生涯中得到这样的评价。

她认真准备考评、公开课，学生们都为她暗暗鼓劲，但结果是失望的。一个据说有些背景的教师被评上了，而我的老师没有。那天接到通知的时候，我正在她的办公室，发现她一瞬间愣住了，失望地摘下眼镜，沉默了很久。这已经是她最后一年评选的机会了，她的年纪太大了。

办公室所有的老师都发自内心地为她难过，有几个关系不太近的，也匆忙站起来安慰她。兔死狐悲，物伤其类，当看到一个尽力而为的人最终期待落空的时候，哪怕是毫无关系的人，也会心里一凉吧！

听说，那个靠关系顶掉老师名额的人，在学校里差点混不下去。有人偷偷向教育局举报他，还有老师当着自己的学生用不屑的口吻评价他，学生们也在他背后议论纷纷。他虽然从结果上看赢了别人，但这真的会带来喜悦吗?

他的喜悦无人分享，甚至因此抬不起头来。

你会发现，未曾努力的失望是没有人能理解的，而未曾努力的获得，也许比失望更令你寸步难行。而只要你尽心无愧，所有人都会站在你这一边。

为了自己，请每一次都尽全力去努力吧！

不要让别人决定你的人生

有时候，你可能有些太乖了。

女孩们从小就接受着要“乖”的教育，似乎做个好姑娘就是要乖、要听话。总有人告诉我们，淑女不轻易跟别人争执，孝顺女儿怎么能顶撞父母，在感情里太强势的女孩不容易获得男生的好感……这些话，你都听过吗?

我很诧异，这不就是“三从四德”在现代白话当中的最贴切演绎吗?做个好姑娘，跟要不要“乖”一点毫无关系。

不要总听别人的话，不要压抑自己的想法，如果你总是想非让别人满意、总随着别人的意见而摇摆，就无力掌控自己的人生。

我见过太多太多的女孩子，在工作、婚姻、人生的种种大事面前，首先考虑的不是“我怎么想”，而是“我妈怎么想”“我男朋友怎么想”……姑娘啊，我真想揪着你的耳朵大声告诉你，这是你的人生，没必要让别人替你决定！

也许她们也向往过远方，却还是因为父母的规劝而熄灭了眼中的光芒；也喜欢过别人，但因为所有人的不看好而忍痛放弃了未来；也曾有过自己的坚持，但还是因为考虑恋爱对象的意见而无奈妥协。

回首这样的过去，会发现她们不是自己在选择将来，而是演绎成了别人手中的提线木偶。

如果将来我也有一个可爱的女儿，我一定会宠爱她，但不会要求她乖巧。我希望她成为一个独立的淑女，既有女性的可爱与魅力，也要作为一个完整的“人”而存在着。即便她身边失去了所有的依靠，她还是能微笑着挺直自己的腰背，照着心中所想的路走下去。

这样就足够我欣慰了。而我也希望每个姑娘都能这样，勇于掌控自己的人生。

总是说别人的故事，偶尔我也会想到我自己。

我是一个什么样的人呢？绝对是平凡的，偶尔有一些任性，大多数时候却是理智过头，不过我更愿意用独立和倔强来形容自己，不走别人给我规定的路，已经成为过去很多年里的习惯。

甚至曾经为了跟所谓的“大人”们斗争，我还会专门选择那些他们不能接受的、出格的行为，倒不完全是因为自己喜欢，只是想向他们宣告一点——我不喜欢被别人指挥，仅此而已。

我喜欢自己做决定，也愿意承担自己做决定的后果。读书的时候我就开始用业余时间拼命兼职，还没毕业就小小攒下了一些积蓄。毕业之后，我不顾亲戚们想让我留在家乡做老师的希望，毅然奔赴更大的城市去求学，并且越走就离他们所能想象的路越远。我坚持跟自己的男友异地恋，直到现在终于能在一个城市，这恋爱的五年间，周围人不知道多少次说我们根本不靠谱，哪怕她们换男友更加勤快。

有时候我在想，如果我不是一个过分叛逆和倔强的人，现在会在干什么呢？

可能会听从他们的话，毕业后老老实实考一个教师证，去高中做老师。虽然我知道，我志不在此，而且本可以有更好的发展，但谁让周围的人都建议女孩子要做这样的工作呢？我得听话。可能会听亲戚们的介绍，跟一个他们觉得都不错的男孩子相亲在一起，毕竟异地恋什么的太不靠谱了，肯定不如自家亲戚介绍的放心……

这样的人生，是肉眼可见的稳定，但也缺少了一点水花。更重要的是，这不是我选择的人生。

这样的人生，不过是活成别人眼中羡慕的样子而已，但你生活中真正的酸甜苦辣，没有人可以替你品尝，全都压在你自己身上。既然最终都要自己负责，为什么要听凭别人的意见而活？为什么不能自己掌控未来？

那些劝我这样或那样的亲戚，未必真正了解我，也未必真正了解他们向往的那种生活。比如劝我去做一个老师的叔叔，不过是因为自己的某个亲戚考了教师资格证，在他们面前提过而已。他自己并没有体会过做一个教师的辛苦或快乐，只是看别人过得还不错，就要劝我也这样做。

归根结底，他并不需要对我的选择负责，所以才能这样轻飘飘地劝我。然而他并不清楚，我比他亲戚的学历更高、学校更好，我的某些工作经历足以让自己进入更高的平台，我早就站在了一个他不能想象的起点上。既然这样，我为什么要按照他的想法去活？我相信自己的选择，会比他建议的更好。

自信一点，你自己的选择可能比别人所说的更好，为什么总要听他们的话？他们能替你结婚生孩子吗？能替你在走投无路的时候扛过难关吗？能一辈子为你负责给你扫平所有困难吗？

不能啊！既然这样，就让他们离你的决定远一些。

锻炼自己的能力并不是最重要的，更重要的是，锻炼一颗独立自信的心。

尤其是女孩子更要如此。大多传统的家庭，都会培养出一个强势的儿子，而非独立的女儿。所以总有些男生习惯于自己决定一切，甚至决定别人的一切，赤裸裸的大男子主义和刚愎自用，让人看到就无言以对；但也总有些姑娘不仅沉默羞涩，而且毫无主见，人生永远在征求别人的意见。

我更愿看到这个姑娘在酒桌上吹牛，固执到令人生气，骄傲到有些碍眼，也不愿意看到她作为别人的附属品出现，仅仅是一个“母亲”或者“妻子”“女儿”。因为前者的标签都是属于她自己的，而后者则依附于别人。

我见过这样的姑娘。工作中认识了一个叫小静的女孩，刚从名校毕业。她家境良好，父亲是小城市里比较成功的商人，在家很强势，所以小静习惯于仰望父母、听从他们的话。虽然她的履历很漂亮，读过很多书也走了不少路，但内心还是个永远笼罩在父母羽翼下的小女孩。

她总是缺乏主见和自信，在做重要的决定之前，经常要告诉我们：“不好意思，我想给我爸爸打个电话问一下。”有时候我在想，是你的爸爸在这里工作，还是你自己呢？

后来她告诉我，她要辞职回家了。“我爸妈给我介绍了一个男朋友，让我回去见见。”她说，“不出意外这次就定下了，可能要在家发展。”

“你见过那个男生吗？”听她说得这么笃定，我很好奇。

“没有，不过我爸妈都说他还不错。”小静认真地说，“而且他挺能干的，我想以后能撑起我们家的家业。”

我一下子无言以对。一个还没见过的男人，就让她笃定托付终生，首先考虑的竟然是对方能不能干，与其说是要找男朋友，不如说想找一个终生的合作伙伴。

“你自己呢？你自己想不想跟他在一起，想过吗？”

“我没仔细想过。不过婚姻大概也就那样，我想什么不重要，合适就行。”听着小静淡定的回应，我偷偷给她补充了一句——“只要我爸妈觉得合适就行。”

我想她的人生应该在别人眼中挺幸福的。出身不错，学历挺高，未来的丈夫很能干，很可能还会有可爱的孩子，年纪轻轻成为人生赢家。但我却觉得有些可悲，她之所以能活得这样理想，就是因为她一直按照别人理想的样子去选择，从不曾想过自己要什么。

这样虚假的幸福，我宁愿不要。

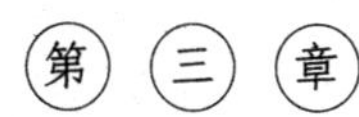

爱上爱情，更别忘爱上自己

姑娘，你只是爱上了恋爱的感觉

一

“我分手了。”

前几天，当坐在我对面的M小姐这样说时，我的内心毫无波动，虽然没有达到“还有点想笑”的恶劣程度，但也绝不像多年前第一次听到时那样义愤填膺，甚至有时间给记忆里的自己挤出些许同情：“孩子，你还是太单纯了。”

每个人身边都有这样的姑娘，也许是你的朋友，也许是你自己。她们条件不差，品格良好，受过不错的教育，综合水平就算不在平均线以上，也绝不属于不及格那一挂，甚至大多都在或大或小的范围里得到过“女神”的评价——是否经得起考验先不论。也只有拥有这样的本钱，她们才有资格面对“恋情不长久”的烦恼，而向来清香的单身狗们则无须担忧这一点。

在多数人眼里，这样的姑娘是不缺爱的，但不知为何，她们却总不能如愿得到一段渴望的稳定关系。有这样共同点的女孩们，一定都有一样的困惑——

上辈子到底得罪了哪路神仙，为什么总是遇到个渣呢？

不，姑娘们，也许你还没有弄清楚事情的本质，总是遇人不淑除了爱在垃圾桶里捡男朋友之外，也可能是你还没搞明白恋爱到底想要什么。

虽然嘴上说着希望稳定，但你的内心也许只是爱上了恋爱的感觉。

如今 27 岁的 M 小姐也是这样的姑娘。我们相识于一个男女之间发生正当关系被称为“早恋”的年纪，那时我还纯洁得如同一张白纸，而 M 小姐已经发展了第二段恋情。出于不可告人的钦佩和相投的兴趣，我很快和她成为朋友，从此开始见证 M 小姐坎坷不断的情史。

如果说中学时代的恋爱等于过家家，时间短一些也情有可原，那大学时代的男女还不够成熟，维持不了很长时间也说得过去，可 M 小姐的恋情却着实坎坷得很有规律，一直持续到要结婚的年纪。她每个男友的就职时间都短于旁人，要是能顺利度过百天，那绝对值得大肆庆祝一番，而能过半年，基本就可以商议结婚事宜了。

然而，没有一个成功。

M 小姐保持着几个月换一次男友的频率，一直到自己都忍不住吐槽:“我是真的想嫁人啊！为什么找个合适的对象这么难？”

“那你为什么总是跟他们分手呢？”这也是我最疑惑的一点。

“当然是因为我倒霉啊，总是碰不到好男人。”M 小姐一脸愤恨，咬牙切齿地说。如果月老或丘比特站在她面前，大概能体验到什么是“恨嫁的女人不好惹”。

最初时，我是十分赞同这一点的，然而时间越久，伴随 M 小姐换男友的数量越来越多、时间越来越短，我突然对她的恋爱观产生了深深的担忧。也许出了问题的，不仅仅是M小姐的前男友们。

每当开始一段新恋情时，M小姐永远是全情投入的，朋友圈到处都能看到她晒男友的信息，当听到她兴致勃勃地谈起自己有多么甜蜜时，你就能想象到这个男人有多么让她满意。

有时我们会羡慕，M小姐跟男朋友的感情真好呀，简直是偶像剧男女主角本人；有时候我们也会怀疑，这个世界上真的有这么好的男朋友吗？在热恋期的M小姐眼里，自己的男友是毋庸置疑的好男人，外表优秀气质佳，内涵丰富宠女友，打着灯笼都找不到这样的好男人了！但在我们眼里，却是M小姐的恋爱光环太伟大，放大了一切优点，掩盖了一切缺点。

热恋期的男友，永远站在M小姐内心的舞台中央，强光灯打着，就连一丝阴影都没了。

爱情的激素也有过期的时候，当从热恋中逐渐消退，逐渐冷静清醒下来，M小姐就总会觉得索然无味。“食之无味，弃之可惜”的鸡肋感，时刻出现在她与男友相处的每分每刻，一到这时候，M小姐就开始怀疑世界，怀疑自己为什么会看上自己的男朋友。

“以前没注意，他竟然这么不讲卫生，实在是太糙了，男神光环破灭！”

“他侧脸不太好看，为什么我之前觉得那么帅？”

“前天他竟然跟我吵架了，以前他从来不跟我发脾气。”

……

长久的恋爱不止甜蜜，还需要经历磨合，才能严丝合缝地搭配在一起。磨合的过程，必然是痛的。这世界上哪有那样相配的两个人呢，哪怕是“天生一对”的男女，谈起恋爱来也会有小摩擦，也会在自己的好朋友面前小抱怨一通，这是绝无可能避免的。但在 M 小姐心里，她最完美的爱情就应该永远像白月光，容不得一丝玷污，否则便没有存在的必要。

于是，一次次的心灰意冷，一次次的恋情失败，让 M 小姐越战越败。而她还在坚持，要找到自己最完美的爱情，绝不屈就。

最完美的爱情不是跟理想中的男神恋爱，而是找到一个你爱的人，然后携手迎接所有生活的挑战，在柴米油盐当中品出不一样的滋味。跟他在一起，吵架也有底气，你知道他爱你；跟他在一起，缺点也能接受，只因这个人是他；跟他在一起，会不自觉地希望长久下去，会静悄悄地把一切标准门槛放低，甚至低到尘埃里。

然而 M 小姐这样的姑娘，却是恋爱中的享乐主义，她们喜欢上的不是特定的某个人，而是爱上了恋爱的感觉，并就此上瘾。其实对她而言，是不是这个人并不重要，只要对方能给她热恋的感觉，她就能感到幸福。

同样，当热恋的感觉消退时，就不自觉想要去寻找下一段感情了。如此一来，恋爱当然不会成功。

姑娘，醒醒吧，先来审视一下你的内心：你真的喜欢他吗？还是只喜欢上了恋爱的感觉呢？归根结底，你并没有接受你的恋爱对象，只不过被一时的心动蒙蔽了而已。

如果只是喜欢恋爱，那请不要大意地享受生活，毕竟青春短暂，还不许我们多经历一下花花世界了？如果你也渴望有一段长久美好的感情，也许就得转变一点策略了——寻找一个你真正喜欢的，觉得“如果是他，缺点也可以接收”的对象，去谈一次披荆斩棘的恋爱吧！

爱上恋爱本身，而不是那个对的人，会让很多姑娘“遇人不淑”，因为在一开始，她们就没有认真选择过自己到底喜欢什么。在恋爱光环的引导下，只要是可以让自己心动的对象，都可以成为男朋友的发展备选。所以当恋爱开始从完全的甜蜜转向微微苦涩时，她们就开始退却了。

但爱上那个对的人，你会发现一切都不一样了。就算男神跌落神坛成为凡人，你也愿意随他一起步入平凡，就算热恋阶段逐渐消退，你也愿意跟他一直携手下去。

像我的另一个朋友，就愿意花一点时间去寻找那个对的人，而不是贪图于享受热恋的感觉。她曾经遇到过很多心动的对象，从暧昧走向明朗，却在关键时刻戛然而止。明明感觉水到渠成就要找到男友了，她却在别人的告白面前停下了脚步。

“虽然他有点让我心动，但当我想到要跟他恋爱时，就觉得‘还不够’，他还有我不能接受的地方。”朋友这样说。

曾经我以为她要求太高，难道希望男友完美到上天？还是想要一个完全的理想型出现在眼前？直到有天，她告诉我们自己恋爱了。

朋友的男友不算特别高，清秀有余帅气不足，笑起来非常腼腆。然而丢在人群里，也不过是茫茫人海中的普通一个，不仅称不上“男神”，可能连朋友之前的追求者都比不上。但那只是在我们心中的评判，在朋友眼里，只有四个字可以形容，“就是他了”。

虽然他的缺点也有很多，但唯独这个人她愿意接受。想到是他，一起都好说。我想这样，就是找到自己心中那个对的人了吧！

这样的感情也许不会那么丰富多彩，这样的男朋友也不会被朋友“神化”，但他们爱着的是彼此，而不是为了恋爱而恋爱，这就是最幸福的事情了。

也希望每个迷茫中的姑娘们，都能摆脱为了恋爱去恋爱的烦恼，寻找那个对的人。

宁愿没有高配，也别将就低配

我最讨厌的就是“将就”二字。

什么是“将就”？就是你明明不满意，还是得无奈地点头接受。这世上已经有那么多的不如意，何必还要委屈自己主动低头？

所以我不爱将就，如果实在没有办法，宁愿不去选、宁愿放弃所有，也不会将就着做出自己不乐意的选择。

宁愿没有高配，我也不会将就低配。再说了，你怎么知道自己没有寻到高配的机会呢？

以前不懂这些，我常常劝自己将就。直到有一次，一个小小的保温杯让我清醒了过来。

那时候特别想买个好的保温杯，可是刚开始工作，每个月月光的口袋让自己囊中羞涩，就连两三百块钱的保温杯也舍不得买。看着自己购物车里小心收藏了很久的那款杯子，我咬咬牙还是没舍得买，最终在淘宝上挑了一个打折款，还是比较了好多家之后才做的选择，就是为了买到物美价廉的产品。

到手之后，这款保温杯的质量还不错，至少对得起价钱。但我真的不太喜欢，尤其是每次喝水的时候，都会想到之前没买的保温杯。当它保温的效果看起来不那么好时，我就会忍不住怀疑，是不是更贵的保温杯绝对不会这样?

其实更好的那款杯子未必如此，但那才是我想买的，所以越是没有买到，就越念念不忘。因为现在的杯子是将就的选择，所以尽管它得到了许多人的称赞，我还是忍不住挑剔来挑剔去。

后来实在忍不住，我又点进购物车，想把那个杯子买下，结果发现曾经喜欢的款式已经下架了。想买的时候，再也没法买到。

一个杯子告诉了我很多。将就于一个便宜的保温杯，都让我耿耿于怀这么久，如果我在人生更重要的事情上选择将就，是不是内心将抱着永远的偏见、痛苦和挑剔去看待它，是不是永远无法释怀自己的委屈?所以，干脆从一开始就不要将就。

程姐是实验室的一位工程师，40 岁了还没结婚。

这个年纪的未婚女性实在是太少了，程姐每次都不愿意多说自己的私生活，就是因为每次介绍了之后都会引来别人的侧目。但在实验室中大家就不会多说什么，因为每个人都理解她的选择——

我们读这么多书、这么拼命工作，就是为了自己可以自由地做任何惊世骇俗的选择，而不必受到别人的影响，何况只是选择单身而已?

“老姑娘”“女博士”“身体不健康”……关于程姐单身的原因，肯定有人偷偷议论过各种恶毒的猜测，但是程姐依旧泰然处之，一点都不着急这件事。用她的话说：“别人说我眼光太高，我还真不想反驳，没错，我就是因为看不上所以不愿意结婚。”

一个优秀女人选择的范围是很少的，尤其是中国人总习惯于“低娶高嫁”。对那些能力不足、自信不够的男人来说，娶一个比自己聪明、学历高、能力强的老婆等于鞭挞他们的男性尊严，跟公然处刑差不多。所以女博士才有些难嫁，真正的原因不是因为她们没有市场，而是因为配得上她们的男人太少，而这样的女人也更有拒绝低配的勇气。

像程姐，有一份令人尊重的好工作可以养活自己与家人，在这个城市中凭能力还完了房贷，多才多艺、爱好广泛，每天忙着收拾自己和照顾她的那只猫都来不及，生活充实的很，根本不需要一个男人和家庭来荫蔽自己。这时候能让她考虑结婚的人，一定是她真正喜欢的。

如果她要按照世俗的价值观去将就一个“差不多”的男人，那会是什么样的人呢？程姐年纪不小了，对方可能已经离婚有了孩子，父母正等着程姐去照顾，而他不一定受得了程姐也很能干甚至更聪明，习惯于当顶梁柱的男人就会嫌弃程姐太强势了——哪怕她脾气还很温柔，但比丈夫更优秀可能就是原罪。

这不是我危言耸听，事实上听到周围人给程姐介绍的对象，我觉得我所说的男人已经算是还不错的了。这就是别人眼中配得上程姐的“差不多”的人，可我分明觉得他们差远了。

所以，不要将就，不要听别人的话去将就。让你别计较、别挑剔的人，只不过把你看成是货架上快过期的大白菜，正想将你廉价出售而已。

在没有遇到足以配得上自己的男人之前，程姐愿意等。等不到也没关系，自己一个人过得并不差。如果说程姐每天最大的烦恼是什么，大概不是自己还没结婚，而是要应付外人对自己还没有结婚的议论和好奇。

我身边，越来越多的姑娘开始像程姐一样，更有勇气去单身。因为还没等到自己喜欢的对象，所以干脆单身等待，也不愿意将就一个差不多、还行的男人。毕竟她们不着急，还有很久的时间可以等待。

只要那个人会来，就不会晚。

总有些女生会自主自觉地给自己标上“保质期”，就像某一日本广告中讽刺的那样，她们似乎从出生起就将“保质 25 年”“保质 30 年”刻在了身上，所以一到那个年纪就急不可待地减价促销，生怕找不到自己接手的对象就要下架。

但事实上，你完全可以再等一等，不要去将就于低配。过低配的人生，选择不理想的对象，只会让你在未来的每一天心中都有挥不去的阴霾，只会让你越来越后悔，或者越来越辛苦。

活着就应该追求快乐，而不是习惯屈就。

朋友前阵子跟我吐槽她的一个下属小孟，谈论起他的自作主张。

朋友说：“我们公司这段时间比较缺人，参加了好几次招聘会。小孟也知道，就想把自己的女朋友介绍进来。”

这事要做肯定要先征求领导的同意，而且公司虽然缺人，却不是什么人都缺，一定要专业对口、合适长期发展的人才是公司想要的。如果是什么人都行，那公司恐怕就要被求职者挤破了。

所以，就算小孟的女朋友要来应聘，也得走正常流程，连朋友都不敢对别人打包票，更何况还是下属的小孟了。

可是这个道理他似乎不太明白，尤其是朋友脾气很好，之前还答应了其他同事介绍的新人来这边上班，小孟就以为这件事十拿九稳。所以他先通知了自己的女朋友，等到人家姑娘抱着期待来了，再告诉朋友："能不能把我女朋友安排进来工作？"

"我当时就气炸了，先斩后奏，把公司当成自己家？这是来逼宫，逼我不得不同意吗？"朋友气笑了，"把我和公司当成什么了？而且他女朋友竟然告诉我，她以为是公司同意的，还专门辞职过来。"

我听了也觉得非常无语。也许小孟是想要在女朋友面前更有面子一点，所以压根没把里面的事情告诉她，但这种行为不仅仅坑了公司，还坑了他的女友。

这样的男人，都有女朋友了？

据说小孟的极品事做了不止这一件，之前他长期失业还要靠女朋友养着，就算有工作，也经常找各种理由让女友为他们的开支付钱，平时把两个人的工资分得很清楚。他做事也不太靠谱，之前跟女友夸下海口，说结婚的时候可以买套房，女友都告诉了父母，但小孟根本一分存款都没有。

当你做不到的时候，不说就罢了，千万别把做不到的事情说得让人相信啊！而被这样坑了很多次，小孟的女友还是无奈地说："我知道他不靠谱，可是怎么办呢？我都快 25 了，也没有别人可以选。"

为什么要用年龄来限制自己的选择？你未婚未嫁，大好男儿多了去，为什么非要将就一个低配的男友，将就一个能够预料的低配未来呢？难道就是因为“等不起”“分不起”这几个字吗？

姑娘们，别把自己看得太低，你很好，只是还不够自信。如果如同小孟的女友一样，屈就于一个这样的男友，难道就有什么幸福可言吗？

这样低配的人，我宁愿继续自己的等待，也不愿意将就。

喜欢过错的人，今天才会自我解窘

傍晚的时候，隔壁的姑娘来找我哭诉，她分手了，和初恋。

“我好想从这个负面状态中走出来，可是就是忘不了他。”姑娘嗫嚅着说，好像怕我笑她幼稚，“其实他也不高，也不帅，脾气也不好，可是怎么办呢，我就是忘不了。”

傻姑娘，我怎么会笑你呢，那是你爱过的人呀！有过所爱之人的女孩，曾想过和那个人有关的一切未来，却未曾预料遗憾结局的女孩，都懂你的心。他未必高、未必帅，未必是别人眼里心里不可说的对象，甚至未必在你的心中留下清晰的影子，但他是你的青春。

因为爱过他，所以夏日蝉鸣是他，白球鞋和白衬衫是他，旧路上洒落的秋叶是他，回忆里的每个瞬间好像都是他。付出过爱，才懂得失去的痛。

但痛不应该是你生活的主旋律，失恋更不是你抛掉记忆、让所有快乐都转换为痛苦的闸口，它是赐予和成长。就像我曾爱的粤语歌里所唱：

“全靠当天喜欢过错的人，今天先会自我解困。”

“无法一起都总算爱过些人，借过你体温面上拥吻，留下你合照细望才知道，我跟他人更合衬。”

感谢失恋，让我们成长为更好的人，遇到更合衬的他。

每当听到这首令我感慨万千的歌，总让我想到一位老朋友柳小姐。现居于香港的柳小姐，一手创立了一家人工智能企业，于业内也小有名气，算是前途无量的女企业家了。她还年轻，才不到30岁，我常笑言日后要去香港抱她的大腿，等她成功之日带我鸡犬升天，现在看来已到了实现之日。

香港的生活很紧张，生性懒散的我站在十字路边，看行色匆匆的人，就已经觉得疲惫异常，仿佛看到人生百态皆是忙。但是柳小姐很适应，她天生就是精力十足、永远不会垮的模样。

她可以在项目加班后的凌晨三点，收拾得摇曳生姿、唇红齿白，披上风衣踩着高跟鞋，去兰桂坊的酒吧喝一杯酒，不拘什么口味，只要享受这份热闹和不期然的缘分。她也曾在异国他乡跟别人坠入爱河，轰轰烈烈喜欢了几个月后，面对忽然而来的分手一笑而过，收拾起来重整山河，没人看出她是否哭过。至少现在，那个人还躺在她的通信录里，既没被删掉，也未被屏蔽，更没有特别关注，只当普通朋友相待。

这份淡定，我学不来，可这份魅力与淡定的过去，我却是见过的。我也见过她痛哭辗转到深夜，哀哀戚戚放不下一个不值得的人，也见过她低落踌躇，犹豫着是否接受回头的浪子，我也当过那个比她更清醒、更成熟的旁观者，为她恨铁不成钢。不承想士别三日，她已经长成了我所不及的模样。

她说，感谢失恋，让她遇到更好的自己，并有资本去遇到更好的人。

柳小姐的初恋在大学，是学校电视台的学长，两人一起主持一档节目。学长谈吐幽默，才华横溢，让柳小姐见之难忘。在疯狂释放激素、百般暗示明示之下，柳小姐终于捅破了窗户纸，拿下了别人眼中炙手可热的一棵好草。

那时候的她还没那么洒脱淡定，会为了拥挤的公交车上偷偷牵手而脸红，会因为电台节目主持时的一个对视而结巴，会做出许多青涩的、让人哭笑不得的应对，却饱含着一份真心和爱。

所以这份真心以待，在学长不坚定的态度面前格外受伤。毕业了，因为学长坚持留在家乡，而柳小姐选择去中国香港，两人产生了分歧。

“那时候我想，为了他我愿意去一个不曾去过的南方小镇，愿意洗手做羹汤，愿意妥协一切能妥协的事。但没想到，我还没说出口，他就退缩了。”再回忆往事，柳小姐滋味难辨地笑了，“现在看来，这哪是天大的事，只是他没有勇气罢了。”

她不能接受这个现实，半夜里眼睛哭得像桃一样，给朋友打去了电话。大家一遍遍劝着她，骂着那个男人，等待她从失望伤心中走出来。失恋的事，没有任何劝慰是有用的，只有等待自己解脱。

她好像走出来了，却好像永远困在里面。虽然不提初恋，却也再不肯提过去几年跟他有关的一切事，走过他们爱逛的马路，她会绕道，看到他曾读过的书，她会扔掉，跟他有关的照片，她都删得干干净净，好像这几年从未存在过。

收拾好心情，她渐渐习惯了香港的生活，投入到下一段恋情。

那是个中国台湾的交流生，开朗大方，体贴温柔，就连宝岛男生绵软软的口音都特别可爱。她感觉自己被治愈了，这一次，她决定学会坚持。不再像过去一样轻易放弃，就算遇到困境，也要坚持所爱。

交流结束后，男生回到了台湾，两人约好两年后在美国相见。柳小姐一边努力学习，拼命提升自己去申请美国的留学，一边和男生展开辛苦但又甜蜜的异地恋。一年多时间里，往返于香港和台湾的机票都攒了厚厚一沓，可最终的目标却没能实现。

也许异地恋真的需要太多幸运，才能在千百对情侣中成为坚持到底的那两个。当那个人不在身边的时候，纵你有一腔坚持的热血，也难以让热恋始终不退。感情淡了，自然就和平分手。

“至少这次，我们都没有输给阻碍，只是控制不了感情。”柳小姐说。

当结束了这段恋情，她突然想起了自己的初恋，想明白了许多事。她封存那份回忆，不听不看不讲，不就是没有放下吗？事实上，就算那份感情结束了，那个人错了，但回忆和自己曾真心实意投入过的感情，是没有错的。

当她爱上那个台湾男孩时，再想起学长就不再那么纠结、不那么痛恨和执着，反而感激颇多——感激他教自己成长，让自己学会坚持和勇敢，也感激他在最终选择了离开。如果不是如此，如何有缘遇到下一个心动的人呢？

虽然他们两个都离开了，但留给柳小姐曾经幸福的陪伴和在感情中跌跌撞撞的成长，是实实在在的。

想通了，她也就洒脱了许多，甚至还有些懊悔：“早知道不要删除那些照片的，那时候的我多瘦多青春呀！”她笑得很坦然，没有一丝勉强。

她再没打扰那些离开的人的生活，但也没有刻意去疏远他们。若是有机会，她还是能跟这些人一起坐下喝杯茶，聊聊曾经的年少轻狂和爱与美好。

后来的她，依然勇敢地爱与被爱，甚至更加勇敢。她曾爱过在旅途中认识的外国人，一面之缘差点情定终身，两人创下了柳小姐的交往记录最长历史，甚至差点结婚；她也曾跟别人眼中一事无成的“艺术家”谈过感情，甚至支持这个男人仿佛异想天开的创业梦想……

这些人，往往都是我们可能遇到、可能动心过一刻，却压根不敢去爱的人。但柳小姐每一次都不愿意错过，只要爱了，就一定很勇敢地迈出，如果不爱，就一定很干脆地脱离。

她也在爱中一直成长，变成更好的人，时刻以最好的状态去准备遇到对的人。国外的爱人，教她认识大洋彼岸的另一种文化、社会和思维方式，让她见识更广、更会与人交往；艺术家爱人，教她永远不要放弃看似不合时宜的梦想，并一直追求……他们都让她成为更好的人。

至少十年前的柳小姐，不会想象得到如今的自己，能得到这么多优秀男人的爱慕，能成为这样有魅力的女人。这一番成长，都是错的人的馈赠，为了让你遇到对的他。

既如此，何必执着于失恋和过去？不纠结，当爱过去了就果断放手；不逃避，即便不爱了，那也是你有过的幸福回忆，又何必后悔爱过；不畏缩，不要因为爱错了就不敢尝试，不管你们能否走到最后，都是难得的缘分。

没喜欢过这个错的人，你怎么知道将来更与别人合衬？所以，谢谢爱，也谢谢那些错爱过的人。

做一个会拒绝的姑娘

说“好”总比说“不”要容易得多。我们习惯了答应别人，越是关系不太熟悉的人，我们就越不好意思拒绝。反而是亲近的朋友之间，你会更容易将自己的为难说出口。

而这就导致，你总是对那些无关紧要的人更温柔一些。

这是一个最大的错误，你应该用心经营的是自己的人生，应该示好的是那些关心你的人，而不是在对着陌生人的时候笑脸以对。尤其是对别人有些过分的要求，更应该学会拒绝，而不是为难点头。

在感情上也是如此，一个能追寻到幸福的姑娘，说“不”的时候远比说“好”的时候要多。感情最怕的就是遇到“我都行”小姐，明明你不喜欢、不赞同的事情，却还要点头同意、大度答应，是不是有些过于好说话了？

成全了别人，你就必然会委屈自己。如果是对待无关紧要的人，委屈自己只会让你过得很难受，说不定别人也不会领情。如果是对待最亲近的人，委屈自己会让你越来越压抑，等到委屈爆发，两个人的感情也就会留下一道难以弥补的伤痕。

与其如此，倒不如在最开始的时候，把自己拒绝的想法大胆痛快地说出来。本姑娘就是不乐意、不满意了，你还想怎么样?

相信我，说出“不”的时候，你获得的快意将是你无法想象的，而它带来的负面影响也远比你想象中要轻很多。对越是无关紧要的人，就越要学会拒绝，尤其是在感情上。

P 小姐在感情上就非常果决，该拒绝的时候从来不手软。

对待那些自己不喜欢、没有可能发展的追求者，P 小姐从来都是界限划清、距离标明的，生怕自己对陌生人的礼貌温柔放在他们身上，就会被对方误以为是自己有意。对待自己的男友，P 小姐也是从来不“惯着”，该拒绝的时候、该表达不开心的时候，每次都坦坦荡荡说出口。

“对我男友来说，我认为两个人之间需要坦诚。”她说，“至于其他人，如果我不把拒绝的态度说清楚，他们很多时候是不会死心的。”

P 小姐曾经有个合作者，两个人有长达一年的合作时间。这个男生一开始就对 P 小姐表现出了一些好感，但是偶尔因为言行上的不注意，又会给 P 小姐一种他将自己当成竞争对手的敌意感，所以 P 小姐一直不清楚，对方到底对自己抱有什么态度。

“我也不确定他是不是喜欢我，毕竟有的时候他的确会开一些玩笑，但他没有挑明。而大多数时间，他可是铆足了劲想要踩着我的脑袋往上爬，如果喜欢是这样的，那我真是佩服他。”P 小姐哭笑不得地说。

为了避免自己自作多情，她就没有多说什么，但平时也几乎不

跟那个人有多余的接触，更是经常暗示他自己与男友关系很好。一般人也就退缩了，但是这个男生似乎脑回路有些不同，甚至突然开始十分热情地对P小姐表白。

在她要乘飞机回家的时候，男生不容拒绝地要送P小姐去机场，甚至专门来到她的楼下“堵门”，要跟P小姐表白。P小姐无奈之下，只好明确说：“你这样的态度，我男朋友会很不高兴的，我以后也没办法跟你合作了。”

如果不是因为两个人还有好几个月的合作期没有结束，她肯定会直接让对方有多远滚多远。但考虑到还要见面，只好把话说得稍微委婉了些。没想到对方直接回道：

“你们两个根本不现实你知道吗？”

“而且我早就喜欢你了。”

这两句话，我听到都忍不住笑了。

别人的感情是否现实，跟你一个外人有什么关系？他们俩都不清楚，你倒是看得很明白，难道你是他们肚子里的寄生虫吗？你早就喜欢又有什么用，难道你的喜欢，就一定要得到回应吗？

“我已经这么谨慎了，能拒绝、能划清关系的地方，全都没有一点拖泥带水。”P小姐苦笑着说，“可是你看，还是有这样拎不清的人。”

如果是一个不会拒绝的姑娘到了这步田地，说不定境况会更加糟糕。也许她习惯对不熟悉的人的宽容和温柔，不习惯拒绝别人不合理的要求，所以更会给他们错误的暗示。若是真逼急了再说“不”，说不定对方还得疑惑：“我以为你挺愿意的。”

这样，岂不是都成了她自己的错？

所以，一定要学会做一个会拒绝的女生，因为你永远不知道，这世界上有多少自说自话的人，有多少得寸进尺的人，有多少你退一尺、他进一丈的人，如果不拒绝，你的人生都会变得一团糟。

“后来你怎么解决的这个问题？”我问P小姐。

她摊摊手，说：“还能怎么办？既然他这么不清醒，我只好当面给他一个难忘的拒绝，让他见到我都不好意思抬头喽！”

虽然这样可能让合作变得有些尴尬，但也比跟脑子不清楚的人纠缠来去要好得多。大多数姑娘就是缺乏P小姐的这种果断，早就该甩对方巴掌的时候，还不好意思地露一个笑脸，他们不欺负你欺负谁呢？

哪怕是你最亲近的爱人，该说“不”的时候也绝对不能憋着。

我的母亲就是一个非常温柔的女人，和父亲结婚之后一直尽自己所能地让所有人都过得开心。父亲所有的不成熟、不负责，都被母亲包容。对亲戚也是如此，就算老家来的亲戚要求再过分，她也很少跟对方说“不”，只要有要求都尽量满足。在长辈眼里，再没有比母亲更好的女人了。

她得到了什么呢？在我少年时期，母亲就早早有了更年期的征兆，医生说是长期郁结于心导致激素紊乱，她差点患上抑郁症。原来，她每一次不情愿地点头背后，都是压抑自己的欲望和想法做出的妥协，长期这样，她的身体和精神都承受不住了。

母亲和父亲的关系也早就摇摇欲坠。我一力支持他们离了婚，虽然在外人看来我大概是个不称职的女儿，竟然不盼着父母和好，但我更希望他们彼此不要互相折磨。后来，母亲终于学会了拒绝，学会了过自己的生活，而不是为了别人眼中的自己活着，她变得比过去开心了许多。

我唯一的遗憾，就是没有早点长大，让她早些意识到这一点。一个人的一生那么短暂，我们不应该让自己在委屈和忧郁当中度过，也不应该承担自己不该承受的责任和付出。

先爱自己，再谈爱别人，就要从学会拒绝开始。

我只在你男朋友的朋友圈里见过你

一

有些姑娘上辈子大概是魔术师，一谈恋爱就消失的把戏玩得出神入化。等她再出现在你面前你就明白了，不必问，肯定是已经分手了。

想要与喜欢的人在一起是一种必然，尤其是热恋的时候，一分一秒都不愿意让对方从自己的视线中离开，恨不得黏在一起成为连体人。这样的状态我也有过，所以我特别明白一些姑娘的选择。爱情和友情不可得兼，无奈的时候还是会舍朋友而就男友也。

但这并不是你失去自己独立社交的理由。

即便是再爱的两个人，也不应该24小时彼此相对。想想也知道，现在你们不会腻，难道几月、几年、十几年之后还不会吗？即便是男女朋友之间，也是适当的距离才能产生美。等到你需要独处的时候，就会发现独立社交圈的可贵了。

你需要有一些朋友，可以听你倾诉那些关于爱情的鸡毛蒜皮，而她们保证不会让你的男朋友知道；你需要有一些朋友，在你因为爱而受伤的时候，为你打气、无条件地帮你痛骂渣男；你需要一些朋友，哪怕只是在你无人陪伴的时候，可以跟你一起喝一杯茶、读一本书。

这样你才不会陷在两个人的关系里，渐渐失去接触外界的机会。你也不会因为爱情而变得孤单，不会得到一个人，却失去整个朋友圈。

爱一个人没有错，但不能活在他的世界。你们两个应该身处于独立的舞台上，相聚则成为彼此的主角，分散则各自精彩。

两个人热恋的时候，你不会明白拥有独立朋友圈的重要性。甚至有些时候，你的爱情与友情是此消彼长的，与男友的感情越好，就越容易无暇顾及朋友。殊不知这样只会让你们越走越远，同样珍贵的友情就消失了。

自从办公室的小敏谈恋爱之后，她似乎就成了透明人，从我们中消失了。小敏其实是一个特别乐观开朗的姑娘，很喜欢参加各种各样的聚会，周末的时候还会参加徒步爬山的活动，并在各种活动当中认识了不少朋友。就连小敏现在的男朋友，听说都是在旅行当中认识的。

按理说小敏不应该是一个“恋爱脑”的姑娘，不可能为了自己的男友付出所有私人时间，但架不住热恋的冲动席卷一切，小敏恨不得一有空闲时间，就奔赴自己男朋友所在的地方。

就这样，在我们还不知道她的男友长什么样的时候，小敏的朋友圈已经跟自己的男友深度重合了。她跟男友的朋友们变得熟悉，经常与他们一起聚会，没事就出去玩，但却越来越少地跟自己的朋友们交流。

“周末大家聚餐，你去不去呀？”开始的时候我们还会叫着她。

“不去了，我和我男朋友约好去爬山。”小敏总是能找到各种原因推拒。就这样，大家渐渐习惯了，越来越少询问她的意见。

除了工作时间，我们与她之间的交流变得越来越少。不过办公室的关系本来就没有特别密切，所以也不会影响太大，最多就是小敏少了几个可以八卦的同事而已。

但我发现，小敏连自己关系很亲密的朋友也没有时间陪伴，曾经乐于交际的她活动范围越来越窄，越来越不愿意出门与人交流，新认识的朋友全部来自男友，这让我觉得有些不妙。

还没来得及提醒她，小敏就跟男朋友吵架了。

“我决定这两周都不会理他了，实在是太生气了。”小敏信誓旦旦地保证。可是没过几天，她就又原谅了对方。

“为什么呢？”

“我太无聊了，不理他平时都没有人听我唠叨，周末也没有人陪我出去，太寂寞了。”为了不落入到这种寂寞里，她只好抓住男友这根浮木，不敢放手。

我敢保证，小敏只会越来越小心，甚至即便感情消失也不愿分手，因为她太依赖对方了。时间越久越是如此，她已经失去了独自生活的能力。

尤其是精神上，她的精神世界全靠男友的朋友们支撑，吵架了连倾诉的人都不容易找到。更重要的是，她曾经乐于交际的习惯改变了，开始依赖和沉溺于狭窄的两人世界。

我知道过去的小敏绝对不会担心所谓的孤独与寂寞，因为她总有方法让自己的生活变得热闹起来，她总能认识更多的朋友，拥有更广阔的空间。但现在不同，她甚至都忍受不了一周的分离。

这并不是一种好的状态。如果你也发现自己处于这一状态中，意味着你在渐渐失去自我，将自己的生活与对方的生活融入过深。清醒一点，你完全可以在任何一个地方变得独立一些，你的世界永远围绕着自己为中心，你离开了谁都能好好活着。

如果你能做到这样，就是最好不过了。

爱情只是生命中重要的一部分，却不是全部，你应该清楚意识到，自己还要有独处或与他人相处的空间。不要做一个过于依赖别人的女孩，否则离开对方，你的世界就会崩毁。

安宁就是一个习惯独立的女孩，有些时候她看起来甚至对男友不太上心。

她很少好奇对方在自己不在的时候去了哪里、做了什么，尊重对方的隐私和习惯，也同样要求对方尊重自己。在安宁的男友眼里，世界上最神秘的东西莫过于安宁的手机，因为她从来不愿意让男友查看自己手机的各种内容。

“我从没有说过他的坏话，也没有跟别人暧昧，只是因为我不太喜欢任何人看到我的隐私。即便是爱人，也应该保有自己的精神独立。”安宁这样说。

事实上，她并不是固执和孤僻。她比一般人更坦诚，有什么话都会跟自己的男友谈论，比许多情侣都亲密。但她依然要对方尊重自己的生活，这是一种态度。

她也经常为了自己的事情调整约会时间，比如要跟朋友聚会、要参加公司晚宴、要去外地旅行。当然，她一定会在后来弥补男友，但不会因为他们可以多待一会儿，就取消和其他人的社交活动。安宁的男友也很享受这种模式，因为他们彼此都既亲密又自由。

“这样多好啊，如果我要吐槽他，可以找到一百个支持者跟我同仇敌忾，永远不会孤军奋战。”安宁笑着说，“因为我随时可以离开他，所以才确定我们在一起一定是因为有爱。”

因为这样自由，所以维系彼此双方的关系只能是爱了。安宁从来都不怀疑他们彼此之间的爱；相反，有些怨侣就是因为没有了爱却有斩不断的复杂关系，因为彼此离开了对方都不能独立走下去，才不得不始终在一起。那样的关系，又有什么值得羡慕的呢？

要永远做一个自由而独立的人，永远有留下的勇气和离开的自由，你就一定要有自己的朋友圈。有了朋友你会发现自己还是拥有全世界，就不会把手中攥着的那个男人当作唯一的稻草，你就可以更加纯粹地看待这段感情。

哪怕遇人不淑，你也可以有底气地将对方一脚踢开，说一句“本姑娘不稀罕”，然后去寻觅更好的那一棵树。那样的你，永远不会寂寞和孤独。

为什么总在垃圾桶里捡男朋友？

有人跟我说，她好像有“渣男体质”。我很好奇，这是什么特点？原来这姑娘的意思是，自己特别容易遇到渣男。

有惯于劈腿的，也有让她“被小三”的，有直男癌的，也有暴力倾向的……姑娘堪称是渣男收割机，每一任前男友都各有特色地“渣”着。

我长叹了一口气，如果遇到一个渣男，还算是你眼光不好，遇到这么多渣男，姑娘你是翻了大型垃圾桶吗？

专门在垃圾桶里捡男朋友，还一捡就是这么多，真不怪渣男总是看上你，问题在你自己呀！

我见过太多执着于在垃圾桶找男朋友的姑娘，有的是特别心软，把谈恋爱当成做慈善，生怕自己没办法拯救对方，放出去让他祸害社会，所以干脆“牺牲自己一个，幸福全球女性”；有的是特别缺爱，明明自己很不错，却自卑得觉得没有什么人会爱她，所以抓住了一个就绝不放手；有的是识人不清，明明对方早已表明了“渣”的态度，却还觉得对方是最合适的那个……恋爱中的女生总是有各种难以说清的想法，这些想法汇聚到一起，产生特殊的化学作用，就让她们成为总遇到渣男的那一个倒霉蛋。

根本原因，还是因为她们选错了人。世界上单身的好男人明明那么多，偏偏看中了人群里最渣的那一个，一次又一次被爱情辜负。次数多了，就一定是自己身上出了问题。

阿米终于和她的男朋友分手了，原因是对方劈腿了。

这个结局我早在几年之前就有所预料，可以说根本不意外。并不是我有什么未卜先知的能力，也不是他们之间的感情早就变得不愉快，只是因为阿米的男友就是这样的一个人，而她却天真地以为自己是特殊的那一个。

刚开始追求阿米的时候，这个男生其实还有一个女朋友。可能他与对方的感情已经不再热烈，也早早抱着分手的想法，但他并没有承担起一个男人的责任，与别人分手之后再去寻觅新的感情，而是选择了最错误的办法。

他劈腿了，一边不告诉阿米自己有女朋友的事实去追求她，一边还要瞒着那边的女友。两个女孩都以为他还挺深情，殊不知他是吃着碗里的，看着锅里的，只是怕追求不成鸡飞蛋打，所以才迟迟不肯与旧人分手。

这样的男人是我最看不起的，因为他们没有担当，也没有承担自己选择结果的勇气，更没有一份对爱情的真心。

他把恋爱当作一份买卖来做，不愿意让自己吃亏，所以明明有了更喜欢的人却不敢斩断过去再追求，因为一旦不成，他连原本那个不太喜欢的女朋友都没有了。这样的算盘当然打得很精，却也暴露了他并不坦诚、真挚的内在。他的这种行为，是对两个女生的不尊重。

当阿米知道了对方已经有女朋友的时候，已经在对方的追求下喜欢上了他。她左右为难，一方面不愿意成为别人感情当中的第三者，一方面又放不开这个男人，只好可怜巴巴地对我说："也许他说的是真的，他们两个已经没有感情了，只是碍于对方还在准备考试，不能影响她，他才没有分手。我愿意等他分手的那一天。"

我差点被阿米气笑了："你怎么肯定他今天这样对待那个女孩，明天就不会这样对待你呢？不管他现在对你多好，从他现在愿意伤害另一个女孩去成全自己的私情，背叛别人的信任和感情上来看，他就不是一个值得托付的人。"

在我看来，这个男人还不算特别精明，至少在和阿米确定关系之前，他暴露了自己的本质。这是多么千载难逢的机会呀，趁着自己与他感情还不深厚的时候，快刀斩乱麻地斩断这一段感情，对阿米来说是最好的选择。

但这个傻姑娘错过了。她选择等男人分手，再与他在一起。也许是天真的浪漫故事看得太多，让阿米错误地以为自己才是那个适合男人的真命天女，而他此刻这么爱自己，一定不会在将来用同样的方法背叛自己。

醒醒吧姑娘们，把一切都托付于感情，其实是最不靠谱的。与其相信一个男人在热恋时期的保证，不如相信他做人的原则。一个做事有原则的人，即便将来不爱了，也不会伤害你；如果他本来就是一个缺乏感情道德的人，就算再爱你也不能给你一个期待的未来。

因为激素的作用总会淡去，漫长的人生里，我们总会遇到感情的冷冻期。此时靠谱的，只能是原则而不是感情。

阿米的选择让我很失望，因为我知道，将来有一天她一定会因此而受伤，但她并没有听我的话。旁观者无法左右别人的生活，所以我只能看着她在这段感情当中投入的越来越多，最终也收获了和那个前女友一样的结果。

被劈腿之后分手的场景再一次上演，只是这一次痛哭流涕的人变成了我熟悉的面孔。阿米痛悔着对我说，当初就应该听我的话远离他，只是自己太心软了，太舍不得这份爱了，才会在现在遭受更大的痛苦。

这样的傻姑娘真的太多了，因为别人给予你微薄的爱，你就恨不得将自己的所有奉献给对方，就用恋爱的滤镜忽略他们身上所有的缺点和问题，就固执地认为自己一定可以收获幸福。这样的不理智，在恋爱当中是最容易占据上风的，也是我们最应该时时警惕的。

如果你恰好遇到了一个值得付出的人，当然皆大欢喜，但如果不是，你就有更大的可能被别人伤害。越是在爱情里冲动到习惯于不顾一切的人，越是容易碰得头破血流，而这样的姑娘就是最容易在垃圾桶里找男朋友的。

很多女孩都是受过许多次伤之后，才知道如何去辨别一个好男人，才知道甜言蜜语和温柔可亲都不是寻找男友的第一标准，他是一个什么样的人、具备怎样的感情观，才是决定他值不值得爱的根本原因。

他首先是一个人，其次才是一个男人，才是你可能的男朋友。所以先不要着急用美化的滤镜去看待对方，你可以多等一等，耐心地等一等，看看他如何去做人。

如果他是一个不重信诺的人，将来也会把对你说过的话抛之脑后；如果他是一个三心二意的人，也很可能为你们的感情寻来一个第三者；如果他在别人面前口出狂言、动手动脚，你也要小心他是不是有暴力倾向。世界上没有那么多“对别人如此，对你是另一套标准”的情圣，你也不一定是玛丽苏爱情故事的女主角，大多数男人能对别人有多残忍，就会对你有多残忍。

明白这个道理，相信你可以避开大多数的渣男。如果不幸有那么一两个漏网之鱼骗取了你的感情，没关系，咱们就当是被狗咬了一口，还能跟狗纠缠吗？果断撒腿就跑，离他越来越远才是要紧。

不要寻找一个渣男做另一半，更不要在这样的男人身上耗费任何精力和时间。要知道你在他身上花的每一分钟都是在浪费你的人生，早早离开，及时止损，才是恋爱的真正法宝。

势均力敌的对抗，是爱情最好的模样

以前我总听别人说，找对象要找门当户对的，将来两个人才有话说。那时候觉得门户之见实在是天下第一可怕的谬论，不知道驱散了多少梁山伯和祝英台。后来我才发现，多少还是有点道理。

我不是说两个人的家庭“门当户对”有道理，而是说两个人本身应该“势均力敌”。你可以有不一样的家庭背景，但一定要有势均力敌的能力和想法，有相同的世界观和价值观，有旗鼓相当的、值得彼此尊重的地方。

爱情总是要发生在势均力敌的基础上，差别太大是不会得到真爱的。而门当户对不等于势均力敌，门户相当的徐志摩和张幼仪却拥有不幸的婚姻，离开徐志摩以后，张幼仪成为一个成功的女商人，独自带大了孩子，不可谓不传奇，但她的魅力徐志摩欣赏不了，他喜欢的是文采风流的女人，所以两个人终究不能走到一起。

门户不相当的梁山伯与祝英台却能谱写千古佳话，他们之所以爱得生死难分，是梁山伯家境虽贫却有学识志节，亦不古板守旧，跟饱读诗书、敢于女扮男装的祝英台有共同语言，才能彼此欣赏，至死不渝。是势均力敌让他们有了爱情，甚至超越了传统的门户之分。

一段感情应该是势均力敌的，你有才我有貌，你家境豪富，我却是学识万金，两个人手中的筹码放到了天平上，刚刚好不偏不倚，而不是向某一方倾斜。只有这样，爱情才会长久。

这样的爱情，才是最好的模样。

我见过门第不同却自身匹配的情侣，他们的感情甚至比一般人更稳固。

这对情侣中，女孩从小在城里长大，父母都是公务员，她是他们膝下的娇娇女；男孩长于自然纯朴的农村，是家里能扛能干的长子。两个人最大的共同点是成绩很好，所以进入了一个学校。很快，他们就被彼此身上的特质吸引了。

男孩特别会包容别人，女孩的小脾气他都能一笑而过；女孩心思很细腻，会关怀男孩从未被人在乎过的小心思。两个人差别很大，却巧合地很有话聊，那时候他们并没有门户之见，只觉得这份爱很单纯也很真挚。

毕业的时候，他们一起去了男孩的老家。男孩的家人非常淳朴，不是那种所谓的凤凰男原生家庭，而是善良老实的村人。知道姑娘大老远来了不容易，用最大的努力整治了一桌子菜给她。不过条件有限，最终也不过是普通的饭菜而已。

女孩看到之后，愣住了，掉下眼泪来。

她不是委屈，而是感动，感动于对方的家人这样重视自己。那一桌子菜在女孩眼里压根不算什么，但对男方家庭来说，却是过年都不一定吃上的好菜，家里的孩子凑在桌前，眼巴巴地盯着，亮晶晶的口水说明了一切。

“他们都是好人，虽然这个环境跟我从小生活的不一样，但人都是一样的，善意也是一样的。”女孩说，“我爸爸小的时候，也是从农村走出来的，我们本来就没有什么不同。”

女孩回到家之后将自己的经历告诉了父母，出乎意料地，面对从小娇养的女儿这样的选择，父母没有反对，反而表示了支持。

“只要人好，有教养，家庭开明，不论穷富门第，都是一样的。”女孩的父亲说，“要是那些不讲理的家庭，就算是家财万贯，我也不可能点头。”

我们要的势均力敌，我们要的门当户对，并非财富、地位、权力相当，而是两个人乃至于两个家庭的价值观是否相符。如果相符，即便双方都有些缺点，相处起来一样很融洽；如果不符，哪怕在别人眼里是五好家庭，一样会遇到麻烦和矛盾。

出身农村的刘强东，当年不是一样被自己出身良好的前妻看上？他可不是背负一个家庭，简直是背负一个家乡，但他用自己的能力告诉所有人——我背得起而且配得上，所以两个人才能在一起。

势均力敌，是思想和精神上的，是能力和心态上的。

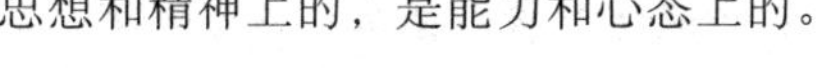

小蕾从国外回来的时候，跟自己现在的丈夫结婚了。

当时几乎激起了全家人的反对。无他，小蕾的丈夫出身很好，是当地有名的富豪独子，而小蕾就连出国留学都是靠着奖学金和打工兼职才维持下来。

这样的两个人，怎么配呢？父母没想过孩子是一步登天，只觉得将来小蕾一定没法适应这样的门第差距，一定会在丈夫的家里吃苦受委屈。但小蕾却自信地说："怎么不配？他是出身不错，但我成绩比他好、朋友比他多，前途未必比他差；他会弹钢琴，我画画很好；他虽然有钱，可是人很抠门，他请朋友帮忙还是我主动请人家吃饭；他脾气很好，不过没有主见，我正好可以帮他弥补。"

这些别人看来鸡毛蒜皮的事，不就是两个人相处时决定你是否幸福的基础吗？跟你爱的人在一起之前，先看的不是对方身价几何，而是他到底是怎样的人，你又是怎样的人。

正因为小蕾并不图对方的钱财，所以才能理直气壮地表示"我与他势均力敌"，而小蕾的丈夫更有意思，甚至还觉得她比自己好太多了："如果不是我侥幸有个有钱的家庭，还真不敢想象自己能追到她。"这样的两个人，都懂得珍惜对方，也都懂得真正的势均力敌是什么。

事实上，现在的小蕾靠着自己的技术，在国外与别人合作经营了一家研发公司，做高科技行业风生水起，未来不可预期。她足以证明自己的优秀，而她的丈夫则是识名马的伯乐，各有自己的优势。

势均力敌是两个同样水平的人之间的较量，他们在爱情里不管怎么角力，最终都是不输不赢的。只有这样，才能永远保留对彼此的吸引力和尊重，而建立在这之上的爱情，才是最美好的。

找一个跟你势均力敌的人在一起，一切都会变得很舒服。他会欣赏你的优点，愿意高兴地把你介绍给全世界，你说起他的时候，也会用得意的语气去炫耀，这就是彼此最好的爱恋。如果你的好让对方觉得有压力，他的爱让你无法负担，不如早点考虑分开。

因为你们还不足以匹敌，就像一个青铜局的玩家误入王者局，怎么看怎么格格不入。要火花四溅，还是先得势均力敌。

第四章

欢迎来到大人的世界

别跟我谈未来，我就要现在

总有人喜欢拉着我谈未来、谈理想，张口就是“我以后要怎么怎么”“我将来会如何如何”，一旦有人问起现在做了些什么，就尴尬地闭上嘴什么都不说了。

这样的人太幼稚，明明已经到了不该做白日梦的年纪，却还没意识到无边无际的畅想是不应该对别人说出口的。

当你年纪渐长，越发成熟，最终成为整个社会的主宰群体时，你就会发现，没有人愿意听你谈论未来。这个词汇太空泛了，太多人的未来，只存在于自己的畅想当中，而并未付诸实践。想想也是，今天的你说起将来要去旅行、去创业、去冒险时，里面有多少内容是经过认真思考才说出的决定？你真的会去实现它吗？在这个实现的过程中，你真的不会产生其他想法吗？

谁也不能确定，也许今天的你还热爱北海道的樱花，明天就将目光放在了三亚的阳光海滩上，所以在尚未确定之前，你永远都不敢买下那一张机票。同样，谈论未来也是一个非常有风险的事情，没人能确定你一定能实现那样的未来，与其真情实感地相信你，倒不如看一看现在你在做什么更合适。

如果现在的你不能用自己的实力来取信于人，不能用自己的行动来证明对未来的掌控力，又凭什么让别人相信你会在未来实现想法呢？有些事，现在的你尚且不想去做，又怎么可能在将来做到很好？

所以不要去谈论未来，你只要看到现在就行了。有什么想法就去做，不要寄托于空泛的将来，用自己能拿出的成果去说服别人，而不是给他们看一个计划的蓝图。

宣传照片和实物不符的情况，现在的消费者看得多了，你描画的未来里面到底有多少水分，他们心里也都是清楚的。

小刘就是一个总喜欢谈论未来的姑娘，大概是因为年轻，所以总觉得自己未来可期，便将这当成了最大的筹码。每当谈起别人的成功时，她常常会用一副不屑的表情对待，既掩饰不了其中暗含着的羡慕，又要嘴硬着说：“等我到她那个年纪的时候，也可以做到这样。”“我跟他们之间差的就是时间和机会。”

每当听到这些话，大家总是理解地笑一笑，附和几句就罢了。有时候还会有人开玩笑说：“那我可等着乘你的东风了啊！”

这样敷衍的态度小刘也意识到了，她私底下也下了狠心势必要用实际行为打嘲笑者的脸，让他们知道自己没有在夸口炫耀。

坚持拼命了一段时间，却没有看到升职加薪的希望，让小刘觉得有些灰心。她想了想，又劝慰自己，这些东西都不是一时能获得的，还是要保留精力长久作战，就又恢复到了之前不甚勤快的状态。

这样一来，自然也就不存在可以打脸的逆袭了，小刘很不死心："我就这么不值得看好吗？明明我觉得自己还不错……"

"没有人会听你想未来如何，他们只会看你现在的表现。"我说，"看看现在的你，有让大家相信你的实力吗？"

你明明说将来要成为一个有领导才能的人，却不喜欢承担任何需要担责任的工作，一在众人面前做报告就腿软发抖，怎么看怎么缺乏魄力；你明明说自己会比前辈做得更好，可他在你这样年纪的时候，付出的辛苦比你要多几倍，你的话又怎么能让别人信服呢？

对于未来如同空中楼阁一样的描绘，就像在商场上想用一个不切实际的点子套取别人的投资一样，都是很难得到他们认同的。大家也都不是傻子，现在的你尚且拿不出什么东西来证明未来可期，别人又怎么能把希望寄托到你的将来？

与其指望别人因为你对未来的期许而看好你，不如低下头把现在能做的事情做好一点，说不定他们更愿意因此而对你另眼相待。

有实力的人从来不需要过多谈论未来，那些慧眼识珠的人就明白他一定能创造奇迹，因为他现在就表现出高于常人的地方。赢得他人赞赏的从不是未来如何，而是你现在做了什么。

意识到这一点，小刘再也没有在公开场合说过类似的话，但我相信她应该还是对未来抱有期望的，这一点从她现在越来越努力的态度上就可以看出来。

现在的她，虽然没有将自己要如何发展挂在嘴边，但别人对她的期许和信任反而更多了。至少真的有人开始相信，她或许能成为自己口中所说的模样。

三

我们的目标要长远，但不要太把目标当回事。毕竟你现在尚未达成，如果总将它挂在嘴边的话，将来很有可能会自打嘴巴。一方面，我们不一定真的能够达成自己所设定的目标；另一方面，我们期望的未来，也会在不断前行当中不断改变。所以要做什么就现在去做，不要像小刘一样，总想要推到将来，也许你就永远到不了未来所期望之处了。

我的一个朋友就是一个特别果断的人，从来不谈论自己将来要做什么，因为想到的事情基本上立刻就做了。说走就走的旅行，放在她身上并不是一个玩笑，她常常做出这样的事，只要有时间想要去什么地方，就立刻开始买机票、订酒店，只要背上一个简单的行囊，随时都可以出发。

我经常看到她今天还在说自己要去哪里，明天就已经落地于当地。佩服她这种行动力的同时我也很诧异，为什么她总是这样急不可待，好像晚一点机会就没有了一样。

“没错，我就是觉得晚一点机会就有可能失去。”她说，“我不想把所有的计划都推到以后，因为这样做，最可能的结果就是所有的想法都无法完成。你永远都不知道将来的自己是怎么想的，也许你现在想要去的地方，将来未必想去，如今不走就会成为一个永远的遗憾。”

她是一个不肯相信未来的人，哪怕是未来的自己也一样。所以她要把所有的选择权都掌握在自己手中，要么不做，要么现在就立刻去做。有些人说这样的行为难免有些短视，我却觉得是极为可贵的。

我们在生活中遇到过太多这样类似的机会，却都因为当时没有做而失去了。你要知道，未来的你未必会比现在更好，尤其是你，总在期盼未来而现在无所作为的时候。一个越是将所有希望寄托于未来的人，就越是容易在现实生活中堕落。他们总把未来的自己塑造成一个理所应当无所不能的超人，指望着生命中的这个英雄来拯救自己，自然失去了现在自我拯救的动力。

所以与其相信未来，不如否定未来，将所有的机会和可能都掌握在现在手中。如果现在的你不是一个值得信任的人，那你就更不应该信任将来的自己，还是脚踏实地做好目之所及的事情，对我们来说更有意义一些。

在买口红之前，你买得起口粮吗？

不知道从什么时候起，口红已经成为女生生活当中必需的消费品。甚至于如果你的包中没有两支大牌口红，在公共场合的厕所镜子前，你都没有勇气掏出来补补妆。

口红的风潮，似乎成为女生们爱自己的表现，如果你连两只高价的口红都舍不得买，一定有很多人向你报以同情的眼神，也许还有一些责难——你怎么能这么不爱惜自己呢?

于是，斩男色、南瓜色、女王红、冰冰色……这些以肉眼不一定能够分清色彩的口红都开始逐渐断货，代购们蹲守在各大品牌的专柜前，就为了给姑娘们买到心仪的口红。有时候我都在想，这些为了口红而疯狂的女人是不是商家请来的水军，不然为什么一时之间大家都开始为了口红而活?

甚至我还曾看到有些收入并不高的姑娘，却愿意省吃俭用拿出一半的工资来买喜欢的口红。当我询问她们原因的时候，有一个姑娘用俏皮的回复告诉我:“毕竟这可是我身上唯一的明星同款，当然不能少了呀！”

从这句话里，我却听出了一点心酸。事实上，很多人像收集邮票一样收集口红，是因为这件事对他们来说并不难，他们有足以支持自己这样做的财富与底气。可还有一些姑娘，却连月底的饭都没处着落，还要跟风购买这些东西，以示自己活得精致自爱。

这样真的值得吗？你是真的需要还是只是被舆论风潮所裹挟呢？

我曾经看到有个姑娘这样评价别人："竟然用一百多块钱的口红，难道不怕烂嘴吗？"

先不说这样的评价是否客观，至少我知道太多不错的品牌口红也并不贵，一百多足以买下一支大牌唇釉，单是说出这句话的人就让我觉得非常诧异。

这个姑娘是我们公司的一位前台，平时的工作清闲，但是收入也不高，一个月只有 3000 出头，而且不包吃住。在这个国内一线的大城市中，即便工资高一些，生活水平都未必能高，更何况这姑娘的收入只有那么一点。前不久我还看到她在跟别人抱怨，自己租的房子夏天会漏雨，正琢磨着托人找一间更便宜的屋子，哪怕远一些也没什么要紧。

然而，她却习惯用不下于两百元的口红。

一个宁愿在上班的时候，多花半个小时来节省房租的姑娘，竟然可以用这样理所当然的语气去评论别人的消费，让我实在觉得叹为观止。难道生活当中一些不重要的奢侈需求，已经可以压倒你的刚需了吗？

听到我的疑惑，在外企工作的朋友淡淡一笑，气定神闲地跟我说："还是你见识不够多，你看看我们公司的前台，背的可是 LV 的最新款。”

的确，如果这个包是真的，那这位前台可是完全胜过了我们公司的前台，而朋友的眼神也暗示了我，不用怀疑，就是真的。

“她哪里来的这么多钱呢？有这个钱，我宁愿攒起来以作不时之需，或者出去旅行。难道是因为她家境很好吗？”这也不是不可能，毕竟还有开着奔驰工作的保安，一个背LV的富二代前台又有什么特别。

“不不不，这是她男朋友送的生日礼物。”朋友说，“小伙子省吃俭用了将近半年才给她买下来。”

我想她收到这份礼物的时候，一定非常惊喜，背着包包去工作的时候内心也一定非常愉快。这份礼物的确给她带来了许多正面的影响，但在我看来，与他们所付出的代价相比是绝对不值得的。

不必要的奢侈享受，有些时候就是为了满足精神上的虚荣，只会给你的生活增添更多压力。然而更可悲的是，如果你没有匹配奢侈品的实力，即便你背上背着的是最贵的爱马仕，别人也只当你是从淘宝上买来的A货，不会相信它是真的。这样一来，你为了它省吃俭用甚至降低自己生活品质的执着，是否还有存在的意义呢？

如果要问我，答案一定是没有。如果我的经济水平只能够支撑我买一支口红，就绝对不会用它去买一款包包，如果我还需要在超市里抢购打折产品，我就不会像别人一样去计较口红是不是最贵最好。追求更好的生活，当然无可非议，但前提是你的追求真的要让你的生活变得更好才行，过于注重那些不必要的外物，只是一时让别人的目光着眼于你而已，但他们的羡慕也不能够当饭吃，这背后造成的负担，终究要你自己来扛。

更恶劣的，是你自己扛不住，所以还要转嫁给爱自己的人。譬如我们谈论的那个给女友买 LV 包的男孩，实在是又愚蠢又可怜，因为他选择了为别人不切实际的梦想埋单，却忽略了两个人真正的生活。

关于女人的虚荣心，莫泊桑的小说《项链》已经描绘得淋漓尽致，可见古今中外的人都未能逃脱这一魔咒。身为小公务员妻子的女主角，弄丢了从土豪朋友那里借来的项链，用了几十年的时间，省吃俭用、褪尽铅华与自己的丈夫攒钱，最终还清了购买钻石项链的巨额债务。当女主角欣喜于自己终于无愧的时候，朋友惊讶地告诉她，丢了的本来就是一条假的项链。

看，当你有足够配得上奢侈品的能力时，就算你身上佩戴的是明晃晃的假项链，别人也要怀疑是不是某品牌天价的最新款。因为他们相信你足以买得起，所以奢侈品才会成为身上的点缀。如果你的能力不足以支撑那些奢侈品，即便用了也不会有人欣赏，说不定还要怀疑你买了假货。

所以我们要关注的不是如何攒钱去买更贵的东西，而是要如何提升自己的能力、积攒自己的财富，直到自己足以匹配的上那些美好的奢侈品。如果你连三餐都要不济，最好还是先放弃买口红的愿望，好好为了明天的口粮而奋斗吧！本末倒置，不是应该有的观念。

我想起去年在国外出差的时候，和同事一起路过巴宝莉的折扣店。里面的风衣真的很漂亮，同事穿上也很合适，价格只需要咬咬牙，就可以买一件。这样的机会，任凭谁来说都是千载难逢、必须剁手的，但同事却摇了摇头，把衣服放下离开了。

“为什么不买？我觉得你穿上还不错。”

“因为我并没有觉得特别喜欢，或者特别需要。虽然这可能是现在的我买得起巴宝莉的最好机会，但我就算买下了，又有谁会觉得我穿的是真的呢？恐怕很少吧！所以与其咬牙去买打折的，不如让它成为一个小遗憾。”她说，“这样我就永远知道自己还要继续奋斗，要成为穿正品都不需要看是否打折的人。”

同事很少去刻意追求那些买得起或买不起的奢侈品，虽然很多东西她不是不能买，但因为觉得没有必要或与自己不相称，最终还是拒绝了。因为她不愿意压缩自己的生活品质，去买一件别人眼中与自己不相配的奢侈品，而是更愿意先成为能配得上它的人。

与那些踮着脚还要去追求奢侈享受的姑娘比起来，同事明明碰到了最好的机会却还是毫不犹豫地放弃，这之间的差距实在是太大了。当然，这其中还有个人追求不同的原因，我也并不认为追求奢侈品就是一种错误的行为，但前提是力所能及。

如果你还不够资格，不如先琢磨着如何努力，才能配得上你手中的包包、驾驭得起你手中的口红。

眼光要长远，才会收获理想的未来

我向来是很爱赚钱的。

钱是好东西，我自然喜欢，你要是将人民币换成美元那也不赖，哪怕是来点泰铢、日元呢？没办法，穷惯了，自然明白钱的好处。

既然爱赚钱，就得有赚钱的计划，最简单的办法是跟成功者学习，复制他们的道路。你要是运气不好，也没什么好赔的，本来就是无产阶级嘛！你要是运气好，下一个首富就在向你招手，最差也能攒个首付。

于是我决定，向首富们学习赚钱的经验。

王健林爸爸告诉我：“先定个小目标，比如赚它一个亿。”

马云爸爸告诉我：“钱不是我想要的。”

综合这两位国民爸爸的宝贵经验，我发现了赚钱的秘诀——目标要远大，要不以赚钱为目的进行赚钱活动。

好了，我想我很快就能成功了。

虽然这听起来有些无厘头，但国民爸爸们的确在向我们传播着

重要的致富经验。也许我不知道马云、王健林到底是怎样成功的，但我想他们不至于在这两句话上给你编排心灵鸡汤。想在成年人的世界里获得成功，眼界、阅历、知识全都不可或缺，平台决定眼界，经历决定阅历，习惯决定知识，这一切的一切，都决定你成为什么样的人。

所以，在人生的规划上，不妨眼光长远一些。不必立下“赚它一个亿”的志向，只要比现在的你能想到的目标再高一点，对当前的我们而言就够了。

有时候，为了长远目标的实现，我们还要学会牺牲眼前的利益。记住，这样的付出是值得的，是为了更好的回报。

我的朋友明菁曾经是数一数二会赚钱的人。读大学的时候，别人都忙着花家里的钱谈恋爱、去旅行，最好的也不过自己打工补贴点生活费，好好学习赚个聊胜于无的奖学金，这就已经可以让家长炫耀老半天。

明菁不一样，她不走寻常路，非要把别人挤对得无路可走。从业余辅导学生开始，她逐渐积攒经验，最后在当地的家教市场小有名气，一次辅导三四个学生，一个月入账三千多元。在那个家教一小时 25 块钱的城市，这已经是大多数学生想不到的收入了。

“你看看人家菁菁，再看看你！”虽然我没听爸妈这样说过，不过人类的感情如此丰富，眼神已足够表示一切。想也想得到，在某个角落里必然有我熟识的朋友正同样接受着这等摧残，在这种情况下还没跟明菁友尽，我们的友谊实在值得感慨，忒牢固了！

这样直到快毕业的时候，我们开始逐渐寻求新的出路。作为理工科较为尴尬的专业，最大的特点就是不好找工作，故而大多数人都选择了继续深造，明菁也不例外。“辅导学生只是我的兼职，我的目标是成为研究人员！”她坚称自己的人生规划是这样的。

但她还是放不下自己逐渐稳定的辅导收入，一个月几千元的来源远超过她的生活费，这可以让她过得很舒服。

对女性这种生物而言，哪怕一个月能多买几支口红、几件衣服，都是莫大的诱惑。谁要是剥夺了我们为数不多的爱好，就能随时体验到川剧变脸的精髓。可以享受的时光都是贵的，已经习惯了大笔的收入，谁能轻易放弃呢?

“我可以白天复习准备考研，傍晚再去教学辅导。”明菁信誓旦旦地承诺，把自己的时间安排得很紧凑。可辅导并非只有短短的一两小时，还需要备课、准备，时间精力耗费并不少。明菁太好强，只好像个被抽得“呼呼”作响的陀螺，一直旋转于各路工作之间，常常困得趴在书桌上就睡着了。

可想而知，这样的学习效率不是堪忧，是压根没有！一直到临近研究生考试，明菁才发现了问题——

别的同学互相交流的都是专业知识，每天做的都是真题难题，重点早不知刷过多少遍了。而她呢? 脑子里第一时间浮现的，竟然是“初中物理大纲”……

如今我们已经奔赴各自的前程，有的人在专业内摸爬滚打，成为独当一面的精英；有的人继续深造，朝着科学家的方向努力；有的人归于平凡，但生活幸福且满足……

明菁却成了一个普通的辅导班老师，年复一年没有晋升的空间。现在，她每天发愁的是如何进入教师系统、成为正式的学校老师。

三

这完全不是曾经的明菁会发愁的未来。她曾经那么优秀、成绩那么好，也有着关于将来的远大梦想，她也在努力地生活，为什么却没有得到应有的回报呢?

我想，这就是关于“眼前利益”和“长远回报”的问题吧！长远的回报往往需要前期大量的精力投入，你需要忍耐孤独、辛苦和眼前的贫瘠，但这都是为了将来达成目标而努力，这就是值得的。而眼前的利益总能更简单地获得，但却消磨了你的上升空间与时间，容易让我们再无寸进。

如果可以，请忍一忍，去追求更加长远的目标和更好的未来吧！眼界决定你的成就，拥有长远眼光，才能让你收获理想的未来。

我们能到达的最远的地方，不过是目之所及之处，之所以能不断前进，是因为我们的眼界也在不断变宽。所以才会有许多成功者回顾过去时，谦虚地说:“当年完全不敢想自己能有现在的成功。”

——老子也被自己的潜力吓了一大跳呢！

所以，在向着现有的最远处努力之时，也记得给自己留点余地，多往远处闯一闯，说不定就开辟新天地了呢? 就像“赚它一个亿”的小目标，先别急着否认，万一你的眼界开阔了，回头打脸还是挺疼的。

年轻人最令人羡慕的不是拥有大把时间，而是拥有不断成长的可能，“成长”才是现阶段最赚钱的行为。找个肥沃的土壤深深扎根，使劲榨干它全部的养分，然后拍拍屁股爬上更高的平台，这才是一个年轻人给自己最大的赚钱积累。

而现在只顾眼前的蝇头小利，却放弃让自己积累成长的机会，就显得很是顾此失彼。虽然你找到了一块还不错的土地，但扎下去就不走了，即便一开始长得比别人快些，被禁锢在这片区域，等待自己的也只有停止生长。

所以，在该读书的时候请务必认真读书，不要为了兼职而浪费你最宝贵的积累时间；在工作到瓶颈期的时候，可以花些时间和精力去充电学习，而不是为了每天的固定工资而死撑；在机遇面前，可以勇敢尝试一下，哪怕前途未明，也好过将来后悔……

总之，眼光长远一些吧！

关于此，我想到了自己的一个朋友。

朋友是个很特别的人，还在读书的时候我们就觉得，这个家伙将来一定能做出一番事业。他在国内顶尖的学校读金融专业，毕业混得差些的月薪也有一两万，而他的成绩则永远保持在一个非常微妙的范围，既不顶尖也不差劲，恰好看得过去。

倒不是因为他能力不够，纯粹是他爱好太多，喜欢尝试各种各样的新鲜事物。这充实了他的生活，也让他眼界格外宽广。

他在大四快毕业的时候做了一家烧烤店，光是研发口味就让周围的朋友都试吃到想吐，最要紧的是，竟然成功了，这家店迄今还在菜市场的拐角处红红火火，顺便解决了他妈妈的工作问题。最后，这家店的创办和经营成了他毕业论文的一部分。

我想，他大概是那一年唯一一个把论文与实际工作结合得这么到位的人吧？

这样的人，生来就爱折腾。他的人生没有天顶，永远都在为了长远目标而努力，所以成功才会是必然。

果然，毕业后一年多，他辞退了自己年薪几十万的工作，筚路蓝缕开始创业。最辛苦的时候，他和合伙人一起租住在十平方米的工作室里，昼夜不停地工作，时刻在为了下一笔流转资金而困扰。

好多人都担心他冒着这样巨大的风险，会不会一无所获？我却不觉得，也许他不一定在这次成功，但下一次一定可以。因为他的思维模式、眼界都是足够深远的，自然能走入理想的未来。

他是幸运的，这一次就成功了。创业公司被收购之后，他瞬间从一无所有到坐拥几千万，而且还能继续为自己的事业奋斗，这是令人再羡慕不过的了。

眼界长远一些，享受现有能力带来的回报，但永远不要满足。不要将触目可及的目标当作终点，更不要以此封顶我们的人生，这样我们才能说，自己的未来有无限可能。

万一成功了呢？也许下一个实现一亿小目标的，就是你了。

你对生活的态度，决定它对你的态度

一个人的未来到底会被什么因素所影响，又被什么所决定呢？

关于这个问题，很少有人能得出一个确切的答案。有些人因为出身而比别人更加幸运，未来的路也比别人更加顺遂；有些人因为能力出众，所以可以获得他人的赏识，迈上更高的阶层；有些人甚至未必有多么强大的能力或者背景，但他们就是如此幸运，哪怕依靠买彩票都可以迅速致富……这些种种因素都可能影响一个人的未来，所以我们很难去说到底是什么决定了一个人的未来。

如果要我说，一个人的未来最容易受到的影响，来源于自己的生活态度。不管是出身好坏，能力高低还是幸运与否，生活态度才是决定你将身处何地的最根本因素，一个人如果有积极的生活态度，即便他出身不够好，能力没有那么强悍，运气也只是普通而已，也一定可以获得让自己满足的生活。

生活态度有时候就是有这样的魅力，如果你永远以颓废的态度去面对生活，时刻处于放弃自我的边缘，那么你不仅不能感受到生活所给予你的温暖与快乐，也无法真正享受生活。这样的人，就算拥有其他人所渴盼的一切资源，也不过是一个可怜人罢了。

姑娘，请记住一定要有好的生活态度，不必照亮别人，但足以给自己的内心灌注无穷的力量。这样的人才能在风雨中无阻地前行，永远挺直脊背；才能将别人所忽略的每一分、每一秒，都活成自己想要的模样；才能在毁极誉极的时候，都能微微一笑，淡而处之……

这是当之无愧的幸运儿，但谁又能说，不是因为她对生活的态度，才让她得到了如此多的幸运呢？只有认真生活的人，才是最容易被眷顾的。

杨小姐在这方面大约是深有体会的。在我清晰的记忆里，她也曾经用最敷衍的态度去对待生活。

那大概是三年前，杨小姐至今回忆起来还确信，那是自己人生的低谷期。刚毕业的小姑娘，在想要留下的大城市里孤立无援，正处于最困难、最艰辛的日子。入职的微薄工资，于她而言也仅仅够付一份房租，连押金都是找父母借来的。每当月末的时候，当她省着每一分钱，甚至不吃晚饭，只为了攒两张去看望男朋友的车票时，她就觉得生活真苦，但也还算甜。

这份恋情在当时已经不再仅仅是两个人的恋爱，更是杨小姐的精神支柱。至少她知道，还有一个人在远处陪伴着自己。

然而，她还是没有逃脱“毕业即分手”的命运。明明是相爱多年的人啊，为什么这么快就抵不过时空的隔阂，立刻向安稳投降了呢？

“我感觉自己的天都灰暗了，对未来、对生活乃至于对自己，都是一种自暴自弃的态度。”杨小姐说，从此之后，她再也打不起生活的精神来。

明明是温煦的秋天，却成了她眼中浓雾遍布的隆冬，又冷又颓靡，怎么走都看不到方向。她活得越来越敷衍，曾经习惯每周去两三次的健身房，之后就再也不去了，反而乐于窝在自己十几平方米的小出租屋中吃着垃圾食品追韩剧，一看就是一天。她曾经畅想过很多次，和所爱的人一起留在所爱的城市的场景，也将这当作工作的动力，而如今梦想破灭了，她对待工作也没有以前那么积极了。她曾经很爱打扮，再累的日子也要抽出半小时的时间，把自己收拾得光彩照人，但此时她却乐于蓬头垢面，甚至以这样的状态出现在工作场所。

所有人都看出来，这个姑娘魂飞天外了，又何谈认真生活呢？

可公司终究不是慈善机构，不会因为你一时的低谷就对你的敷衍容情。上司对小杨的宽容与同情，在她一次次出现失误、消极怠工之后，终于忍不住消散干净了。这一天，小杨收到了公司的辞退通知，终究还是抱着自己的东西，从人生的第一家公司中走了出来。

她不敢想象，为什么倒霉的总是自己？被分手的是她，被扫地出门的也是她，命运难道真的就如此苛刻吗？那时候，小杨内心的不平和痛苦，几乎让她理解了为什么有人会自杀，因为那一刻真的走投无路。

她给我拨了一通电话，听到对面的她情绪如此激动，我赶紧请了假赶去接她。在街头看到她的时候，我都惊呆了，这个浑身上下散发着“颓废”二字、从头到脚看不到一丝光彩的人，还是我的那个好友吗？

我甚至瞬间就找到了她如此倒霉的原因——毕竟她这样敷衍地

对待自己的生活，生活又怎么会对她温柔以待呢？

等她在家中平复了心情，我带她到浴室的镜子面前，问她：“仔细看看镜子里面，你觉得这个人你认识吗？我都不认识！”我实在震惊于她的生活状态，没想到满屋子里都堆积着垃圾，似乎几天没有开窗换气，空气中还弥漫着奇怪的气味。这样的环境下，人又如何能积极起来、打起精神呢？

这一个下午的时间，我帮她打扫了整间屋子，虽说还是比不上主人曾经认真呵护时的状态，也多少算是焕然一新。然后，杨小姐就在我的生拉硬拽下去做了个发型，选的正是她期盼了很久想要尝试、却因为工作不好意思染的跳脱发色。

女人啊，果然是视觉动物，哪怕在这之前再怎么颓丧，当看到自己状态还可以的新发型时，她也忍不住多看了两眼。

回家路上，她沉默不语了很久，突然开口说：“我已经好久没有看过我自己了，没想到我现在这样邋遢、状态这么差。刚才从美发店的镜子里看到自己，我都很不适应，原来我也有这么清爽的时候。”

“是你忘了，自己认真生活的时候是什么模样。别为了不值得的人折磨自己，你的生活还很长，想摆脱霉运，就认真一点活吧！”我知道，我的劝慰永远是无力的语言，只有她自己明白这个道理才有用。

好在她明白了。她开始有意识地好好活着、认真活着，哪怕失去工作的这段时间，也坚持着没有崩溃。白天去不同的公司面试、准备，晚上就去健身房锻炼；每过一阵外出回家的时候，她都会花一点钱从鲜花店买一支将开未开的百合，屋子就可以清香很久；她扔掉了零食、删掉了电视剧，而这些本来就不是她多么喜欢的东西。

她真正喜欢的，是有一个梦想可以追逐、有一个执念尚未完成，所以要努力追求的日子。

只是过去，她错把自己的执念托付在了别人身上，错把自己的生活重心压在了一段不稳定的关系里。现在，一切都走入正轨了。

三年过去，杨小姐已经在后来入职的旅游公司中成为主管，过上了时常到世界各地免费旅行、体验五星级酒店的日子，令我觉得“羡煞旁人”。她也有谈过恋爱，但再也没有因分分合合而迷失过自己，因为她明白，恋情只是生活的一部分，而其他的每一部分都需要我们认真对待。

一个认真对待生活的人，运气绝不会很差，因为生活也会给他应有的回报。这让我想起了母亲年少时的同学 M 女士，她曾经也是 20 世纪下岗潮中的一员，当时母亲听说了她失去工作的消息，在家里长吁短叹了很久，直说道：“没想到她也这么不幸。”

当时的母亲并没有想到，幸运与不幸只是相对的，此时的不幸放在一个足够争取幸运的人身上，也许是另一条出路。在时代潮流的裹挟中，M 女士没有随波逐流、就此认命，而是选择了不死心的“折腾”。她这样的女人，倔强、野心、不服输写在脸上，就像闯荡欧美上流社会的邓文迪一样，生命力蓬勃，人生不息、折腾不止。在老一辈人眼中，这是不安分、不贤妻良母，甚至她的丈夫都对她不闻不问，但她还是没有放弃。

从销售员做起，她以一个下岗女人的身份，硬生生做到了保险公司的大区主管。她的每一步都走出意料之外，一次次打破别人的论断，活得越来越好。丈夫出轨了，她就毅然跟对方离了婚，带着女儿自己生活，后来也寻觅到了惺惺相惜的对象。

她不幸吗？幸运吗？跟我的朋友不同，她的不幸不是自己的原因，而是时代的无奈，但面对这样真正的不幸，她却能用一股认真生活的劲头，硬是扭转劣势、最终活出自己的风采，这就是自己给自己带来的幸运了。从一个人对待生活的态度上就能看出她是否幸运，因为认真生活的人，从来都是幸运的，只是或早或晚罢了。

不要害怕成熟，你会变得更好

时光赠予我们的礼物之一，是成熟。成熟并不是一个贬义词，意味着你将脱去曾经的幼稚和青涩，如同美酒一般变得越来越醇香。但对很多女人来说，这并不是一个好词，因为成熟意味着老去。

老，是不能提的字眼。

“老去”这个词，永远是女人眼中的大敌。古人有云，最悲哀莫过于“将军白发，美人迟暮”，看着曾经英姿勃发的赫赫战将，如今连上马提刀都艰难，是一种老去的悲哀；看着曾经倾城倾国、万人追捧的美人，如今羞于对镜自照，是一种老去的悲哀。故而不论男女，谁都不愿意称自己“老去”了。

但，老去是任何人都将要面临的未来，区别只在于早晚。我们不可能永远不老，即便科学的手段可以让你看上去很年轻，但你的身体、你的思想，你的一切，都会悄悄告诉你——你在慢慢变得更成熟。

成熟是可以从眼神上看出来的。一个经历过岁月洗礼的女人，就算外表再充满少女意味，眼神也很难如同真正的二八少女一样单纯透彻。我并不觉得这是一种劣势，成熟的女人总是更聪明一些，因为她们懂得纠正年轻时犯过的傻气、避免曾经走过的错路，所以才会更加得体、更有魅力。

如果老去是一条必须要走的路，那么你完全可以将其转化成为优势。没错，我们就是要到老得优雅动人，魅力四射，永远在成熟的过程中成长，永远比前一刻变得更加完美。

接受自己不断成熟甚至开始变老的现实，会让你更加淡定自若。有些人却无法做到这一点，越是曾经在青春时感受过美好的人，就越是难以接受这个现状。所以，太多美人难以接受老去的“馈赠”，她们不喜欢白发，不想看到脸上的皱纹，不能接受被人当作长辈照顾，所以她们才一次次步入医学美容机构，通过各种科学的、非科学的手段，试图留住青春。

然而除了少数的幸运者之外，大多数人以人造手段所创造的“青春”与“美丽”，总是让人看着那样不自然、那样突兀而奇特。她们当然也是美的，也有着与真实年龄不相符的青春，但这样的青春看起来就像是鲜花丛中的一束假花，虽然艳丽多彩、从不被时间流逝所烦扰，但也一样缺乏了真实感、自然感和鲜花的香气与姿态。

与大自然抗争，拼命不肯接受“老去”的必然，只会让你误入这样的歧途当中。其实，坦然接受老去，有准备地步入到这个过程中，能够直面自己的每个阶段，难道就那么难吗？难道老了，就不能美丽、不能丰富多彩了吗？

自然不是如此。奥黛丽 · 赫本是鼎鼎大名的美人，她对自己的老去一样十分坦然，能够在时光的流逝当中永远保持优雅，并让这种优雅越来越醇、越来越香。在《穿 Prada 的女魔头》中扮演冷酷主编的卡门 · 奥利菲斯，已经 85 岁了，依然可以顶着一头优雅的银发穿行在 T 台上，成为时尚圈的宠儿。她们都坦然地面对自己变老的事实，从不因此而逃避或者想要改变什么，反而让自己在每个年龄段都展现出无与伦比的魅力。至少在我看来，85 岁的卡门所展现出的气质，可是她年轻时候绝对不具备的。

这是岁月的积淀，是成熟的魅力。一个人只有在度过人生时不断积累，才能有准备地老去，永远保持优雅，成为越久越醇的美酒。

我身边也有这样的人，初入职场时，我的上司琳姐就是成熟女性美的代表。刚见到琳姐时，我几乎被她令人惊叹的气度和能力所震慑，这真是一个太美太美的女人了。她化着恰到好处的妆，大红唇若是年轻姑娘涂了，未免显得张牙舞爪、虚张声势，气质和年龄都有些配不上，但是琳姐这样三四十岁的熟女却能够很好地驾驭。岁月几乎没有在她的脸上留下什么痕迹，这不仅仅是因为她善于保养、酷爱运动，也是因为她永远有很好的心态，从不被困境所困扰，所以很少有发愁的事，自然显得年轻。

她拥有一定的地位、优秀的能力，这让她在举手投足之中总带着足够的自信和坚定，是上位者才会拥有的习惯和气质。她也有足够的财力，可以让自己穿上品质高档的服饰，用精美的生活用品，从内到外展示什么叫“高端”二字。但是这些都是岁月带来的附加品，对琳姐来说，她之所以感谢“老去”，感谢时光，是因为在时光中她不断成长，所以才一日比一日更好。

“我很享受现在，享受青春逝去后的日子，因为我失去的不只是年轻的时光，还褪去了青涩和不成熟。不管是处理事情的经验，还是那些可贵的生活经历，以及这些年不断学习的结果，都让我变得越来越好。”琳姐这样说。

六年前她离婚了，那时候她还是个不成熟的职场年轻人，因为生活、工作中总有自己处理不了的问题，让她觉得焦头烂额，甚至影响到了家庭。但是现在，时光的赐予让她可以用更完美的态度去处理这一切所有的问题，她也以新的态度重新认识了家庭，拥有了一个体贴的对象。

“我常常在想，如果当初我也有现在的能力、眼界和情商，是不是一切都会不一样？可惜，一切就是这样矛盾，我们只有经历过时光的磨炼，才能有今天的一切，而过去的是永远不能回头的。”琳姐说，“所以我很感激现在，也享受现在。”

一个人走向成熟，本不应该成为一件避之不及的事，它可能会带走我们的青春，但赐予我们的，却是年轻时可想而不可得的东西，不管是气质还是眼界，是修养还是能力，或是地位与财富。所以，我们不应该对成熟避之不及，更应该坦然面对，用足够的底气去应对。

这个底气，就来源于你在时光中成长了多少、学到了什么。如果只有时间流逝，而你一成不变，那这样的成熟无疑是一种悲剧；如果你能在时间的流逝中，不断成长，不断磨炼自己，一天天遇到更好的自己，那这样的成熟就是一种惊喜，就是一种有准备的成长。想象一下，每个新的日子，你都会遇到一个更好的自己，这不是一种令人期待的好事吗？如此一来，比过去更加成熟，也就不显得那么可怕了。

所以，你怕别人说自己成熟，未必是真的，也许你只是害怕你度过的每一天毫无意义，害怕轻易浪费了时光却留不下任何东西。

当你嘲笑别人 low，你比他还 low

年纪越大，我就越懂得谨言慎行的道理，就越明白自己没有资格对别人品头论足。

所以我想要告诉每个还在迷茫中前行的姑娘，你可以什么都不会，但一定要管住自己的嘴。尤其是在你刚步入社会的时候，你可能觉得自己未来无限而看不起大多数人，但其实，每个在社会中饱尝艰辛、摸爬滚打的人，身上都有一些你所不及的地方。

所以，你没有能力对别人品头论足，更没有贬低他人的资格。

“要怀着谦卑之心去对待别人。”这是我的老师曾经教给我的。作为在他的领域可以算作顶尖的专家，老师一生都在贯彻“谨言慎行”几个字。

他从不会瞧不起任何人。即便他已经懂得我们绝大多数都不明白的知识，还是会在遇到问题的时候认真询问我们的看法，尊重我们的意见。甚至于对师兄提出的看似天真的妄想，老师也仔细思考了很久，才论证出结果是否可能。

他的这种谦卑，反而凸显出自己的高大。我想，一个站得很高还愿意弯腰屈就你的人，人格魅力一定比和你并肩的人更强。

所以，要修炼气质、修养，做一个更好的人，不如学会少言多学，不要随便评价任何人。

我见过太多清高自诩的人，没有经历过别人的生活，就站在制高点上仰视他们，指指点点、自以为是。嘲笑着别人 low 的时候，我倒是觉得，他们比任何人都 low。

总有一些人习惯于将“素质”二字挂在嘴边，但一个有素质的人，绝对不会公然将自己的行为观念强加给别人，也不会毫无礼貌地对别人横加指责。对待这样的人，我只能说你的素质尚且没有修炼到位，还是不要出来丢人现眼得好。

之所以会产生这种冲动，实在是因为看到了太多类似的事情，让我产生了太多感触。

三个月前在出差的高铁上，我就遇到了这样一个年轻姑娘。当时刚刚结束了假期，高铁上人满为患，尤其是携家带口出行的人特别多，抱着孩子的母亲们几乎将我周围所有的座位都攻占了。

说实话，这样的环境真的算不上舒服。当我躺在座位上的时候，后面总是有个孩子想伸出脚来踢我的椅子，让我很难休息；过道里经常有小朋友，一边打闹着一边跑走，唯一可以欣慰的是，他们一定成了新交的好朋友；旁边的妈妈带着一个还不满两岁的幼儿，孩子经常一有动静就十分不安，是个随时可能爆炸的定时炸弹。

这样的场面，甚至坚定了我不太想要一个孩子的心。但我并不想指责这些母亲或者孩子什么，因为她们也都尽全力去维护秩序、避免孩子们影响他人了，而这些孩子还是不懂事的年纪。

我知道后面的母亲正批评自己的孩子，如果他再伸脚踢凳子就把他拎出去罚站；旁边的妈妈用零食和玩具诱惑孩子们，不想让他们在走廊上到处跑，至于我旁边的母亲，她给我一个歉意的微笑和眼神，好吧，这就已经够了，难道我要要求一个幼儿听懂妈妈的话吗?

说实话，我觉得这已经算是不错。但就在我旁边的孩子终于忍不住长时间车程，“嗷”的一声哭起来时，前面年轻的姑娘似乎忍不住了。

“孩子不懂事就不要出来乱晃，在家里带孩子不行吗?跑到公共场合影响别人！”姑娘气鼓鼓地站起来，伸张自己的权益。

没错，她也是公共环境的分享者，也花了同样的钱，应该得到一样的待遇，但是这样的情况，真的值得她这么理直气壮吗?

她觉得自己是没有错的，都是旁边的家长姿态太 low，自己才忍不住出来主持公道，我却发自内心觉得，她才是最 low 的那一个。

成为一个母亲，就没有资格出门了吗?希望你将来成为母亲的时候，也用这样的条款来约束自己，千万别出门给别人添麻烦！

对待别人无奈的打扰，就可以站在道德的制高点上品头论足了吗?这个社会给自私的人太多宽容，让他们将一切用所谓的“素质”一刀切，认为只要影响了别人就不可饶恕，却没有想过基本的礼貌和宽容。

宽容不等于圣母，素质不是你不礼貌的理由，一个有教养的人恰恰是不会轻易刻薄对待别人的人，是能够理解他人困难的人。

不要理所应当地用精英主义的思维去思考，认为所有人都应该

完美地达到你的要求。我们总会遇到一些意外和无可奈何，对于他人的困境有适当的宽容，才是真正的素质高尚。

同样，也不要试图用批判别人的方式让自己凸显出来，这样的方式才是最 low 的。

我们这一代人，似乎比任何一代都自视甚高，自以为素质高尚，实则是缺乏涵养而不自知，比那些有自知之明却愿意改过的人差了不知道多远。那些在别人的挑剔下愿意反思自己的人，比尖酸刻薄挑剔他人的人，不知道好了多少。

在指责别人的时候，先想想你自己在对方的角色上能否做好这件事，如果不能，闭嘴是一个更好的选择。

这个问题出现在很多人身上，与性别无关。前不久新来的送水工来给我们办公室换水，因为饮水机设置的问题，需要先将一个插头抬起，水桶才能放到上面不会洒出来。新来的送水工看起来年纪很小，应该是第一次做这个工作，并不知道其中的门道。所以他换水的时候，意外地洒了一地。

旁边走过的小王看到了，着急地凑过去开始指责他：“要先把插头抬起来才行，你怎么直接放上去了？”

“我……我不知道。”

“行了，行了，你不知道怎么不问啊？毛毛躁躁的就直接往上放。”小王态度很不好，因为他的办公桌就在附近。我看送水的年轻人已经很不好意思了，赶紧上去打了个圆场：“谁还没有个犯错的时候呢，你说是吧小王。”

小王没再说什么，而我却想起了他上次因为不了解，将合同签错了差点导致设备问题的事情。当时我们是怎么说的来着？

好像是：“没关系，你还不懂，慢慢来就好。”

为什么放到别人身上，小王就不知道以同样的态度对待呢？我说这句话，还真是想让他好好想一想。

用自己知道、自己可以做到的标准去轻而易举地指责别人，是一种无知，是精英主义下自以为是的狭隘，相比之下，做到有原则地宽容别人反而更不容易。

所以姑娘们，我希望你我都能成为后者，成为那个懂得却宽以待人的人，而不以嘲笑他人为乐，实则活成别人眼中的笑话。

人最大的悲剧是不自知

人贵乎自知，而后知人。

老祖宗告诉我们，一个人最可贵的就是有自知之明，然后你才能评价别人。所以，一个有一定智慧的人一定要对自己有些自知。

说难听一些，就是要对自己几斤几两心里有数，不然一定有人静静看你表演，内心却在骂娘。那样的情况，实在不适宜出现在我们的人生里。

我遗憾地发现，那些善于评论别人的人总是比较多，对自己有了解的人却很少。其中很多人都愿意带着浓厚的美颜滤镜来看待自身，选择性地忽略缺点、突出优点，保证自己永远都是舞台中间最闪耀的小公主——总之，我自己永远都是完美的、正确的，错的是你们这群笨蛋。

这样的人，好像总不会太受欢迎。毕竟，每个人都没有资格和义务衬托你的睿智，尤其是在你还总是暴露出缺陷的时候。所以越是缺乏自知之明的人，越是容易招来别人的反感。

最好的办法，就是在不自知的时候将那点小妄言和小诳语都收起来，老老实实低调做人，再解剖自己，从不断自省当中给自己一个定位，这样的人，往往不太容易出丑。如果过于高调，恐怕就得吃点苦头了。

朋友圈里有个姑娘叫菲菲，大概是我在一次活动中认识的，关系不熟。但是这姑娘总是很热衷于发各种自拍、分享自己的生活，所以我也半被迫半主动地了解了她的日常。

菲菲前不久去韩国旅行了，顺便在当地尝试了一下亚洲四大神术“整容术”，回来之后更加热衷于分享自己的美貌。平心而论，过度整容之后的菲菲匠气有余自然不足，说实话没那么漂亮——当然，也有可能是我的审美问题。

不过不论别人如何评价，肯定有不少人夸赞菲菲变得更美了，菲菲自己也是自信爆棚。过去她总是自卑于各种事情，觉得自己长得不好看、工作不行、能力不够、脑子不聪明，但现在，只是变美了一些，她就变得自信起来了。

我想这是一件好事。一个有自信的人，才能更加积极看待生活中的一切，才会将路越走越好；而自卑的人则永远在低头看着脚下，是看不到远方的美好的。

但没想到，菲菲的自信已经到了缺乏自知之明的地步。先是传出她甩了自己的男友，理由是“他配不上我”，又听说菲菲去参加了各种选秀海选，以及模特大赛之类，指望能遇到一个星探或者贵人，让自己一炮而红。总之，她的想法已变得越来越不切实际，把自己看得越来越高。

事实上，菲菲除了换了一张脸，还是那个能力不够、脑子不聪明的她，就连公司都未对她另眼相待给她升职加薪，更何况是精明的娱乐圈中人。而且虽然她的外形看起来还可以，但在美人如云的地方实在不显眼，所以这样失败了几次之后，菲菲终于明白了自己没有当明星的命。

她开始回归工作，另找了一份还可以的职业养家糊口，但与她期望的还是相差甚远。“我明明可以拿更多的工资，光看我这个形象就让公司看起来高端了不少好吗？”菲菲半开玩笑地吐槽，但我觉得她认为自己值得更高工资的话应该是发自内心的。

可是值不值，你的心里还真没有点数啊？事实上，现在的菲菲比以前更不敬业了，还不如过去做得好。如果是我的公司，不降薪就好，竟然还妄想加薪？实在是有点太没趣了。

有不少人追求菲菲，其中也不乏条件不错的，但是菲菲开始各种挑剔，最终谁也看不上。我冷眼看着，照她的发展趋势，很快朋友圈都要装不下她了，要膨胀到外太空去。

我以为别人对菲菲的变化并没有太大反感，没想到她竟然已经成了他们中的一个“笑柄”。经常有人聚在一起的时候，就会提起“那个菲菲”，说起她又做了什么惹人发笑的事情。

菲菲在朋友圈也说过，不过她的口吻是这样的：“嘲讽我的人都是嫉妒我的美貌，对那些人我无话可说，因为你丑到我不想跟你对话。”

当然，嘲讽者未必有素质，但菲菲，你真的不想仔细思考一下这其中的问题吗？并不是每个人都愿意嫉妒你的美，也不是每个人都将外表放在第一位，你走到今天这一步，难道不是因为自己太缺乏自知了吗？

你变得更美了，但是也就仅仅如此而已，你的心态、学识、能力依旧在原地踏步，剥去这个外壳你依旧还是那个平凡的菲菲。如果能够顺势提升自己的其他内涵，我想你一定可以实现真正的华丽转身，成为自己所想的样子，但现在，你还远远不够。

你知道为什么那些优质的、你看得上的男人不喜欢你吗？因为虽然美貌会让他们惊艳，但是聊天之后，原本的你、真正的你就出现了，他们并不觉得这是一个足以匹配自己的女人。是你把自己看得太高了，才会产生种种错觉。

这样缺乏自知，最终让菲菲成为别人眼中的笑话，也让我感到很遗憾。与其直到现在，还不如回到当初的那个她，毕竟自卑还有救，膨胀到极致就无法挽回了。

我们应该多思考一下自己是一个怎样的人，值得别人如何对待，再去决定自己该怎么定位。过高或过低地看待自己，都不会让你获得更好的结果。

不自知，是一个人最大的悲哀，是你人生当中所有不幸的罪魁祸首。

当你将自己看得太高时，必然会愤世嫉俗，因为全世界的人都没有 get 到你的好，得不到想象中的待遇，自然会痛恨这世上没有知己。但也许，你本身还不是一颗珍珠，不过是漂亮些的沙粒，为什么一定要让别人以珍珠待你？

当你将自己看得太低时，必然会卑微无措。因为觉得自己不值得，所以得到什么都是惶惶然，失去什么都觉得理所应当。等到卑微到尘埃里，别人吹一吹，你就散了。

与菲菲不一样，小欧的不自知就是不知道自己的好。她明明是一个非常不错的姑娘，长相虽然一般，但是笑起来两个酒窝相当可爱。她不是很优秀，但是特别努力，所以足以让她将事情都做得很好。但是因为自己年少时总在竞争中被打击，小欧各种缺乏自信，尤其表现在自己的恋爱中。

她几乎对自己的男友言听计从。男友虽然有些不学无术，但是小聪明还是不少，所以常常说小欧笨，小欧就真的相信了。每次遇到一些自己拿不准的决策，小欧就会去询问“英明神武”的男朋友，最终按照他说的去做。

两个人的感情也是如此，男友说小欧错了，她就立刻去改，从来不思考是否是自己错了，是不是对方的问题。我看着小欧在这段爱情里越活越卑微，甚至活成别人想要的样子，而忘记了自己是什么样的，就忍不住问她：“你真的不知道自己有多好吗？他就是在欺负你不自知！”

“我哪有那么好，是我自己做得还不够。”小欧在那时，还是这样执迷。

后来，大概是被小欧崇拜惯了，男人开始变本加厉地挑剔小欧，最后甚至真跟她分了手。小欧被打击得不行，还是在几个朋友的帮助下才恢复过来。如果说这次打击还有什么正面效果，那就是让小欧明白，自己要活得更好，才能让前男友痛哭流涕、后悔不已。

小欧开始用各种方式提升自己，报班学习、下班健身、练习化妆。在变化当中，她一点点变得自信，一点点懂得自己到底是怎样的人，也越来越有主见。可以说，这就是一个积极地找回自己的过程。

她对自己更了解了，也因此更懂得该用什么态度去对待爱情和人生。如果菲菲也能把握这个限度的话，我想她本来也应该过得更好、更光彩的。

所以，自知是多么重要。

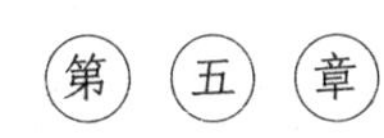

我们都是孤单的社会动物

维护交友圈，是个技术活

以前我觉得，朋友是不需要维系的。朋友是万千陌生人里面，恰好跟你气场相投的那一个，所以遇到那么多人，唯独你们可以成为朋友。很多时候这是注定的东西，缘分就是那么难以捉摸，甚至于都不需要你自己选择。

而成为朋友，就是一辈子的事。你们可以交浅言深，不必太近但每次在一起都谈论得非常投契；你们可以亲密无间，一分钟都受不了跟对方分离的状态；你们可以相聚然后分散，在世界的任何角落单独前行时，都仰望同一片月亮思念对方……这样的朋友，只需要真心相待，不需要特殊的维系。

所以我以为，维系朋友的人总是功利的，只有没有真感情的关系才需要主动、有目的地维护，我们之间的感情又没有什么问题，为什么要刻意去做一些不必要的事情?

然而后来我发现，除了那些天生的交际达人，总能发自内心却恰到好处地维护朋友圈的关系之外，我们每个人都应该学会与朋友交往的技术。没错，是技术，因为维护好你珍贵的友谊，其实也是一个技术含量很高的活。

总有一些朋友告诉我，莫名其妙地，她总是与身边的人渐行渐远，现在走过这么久回头看，才发现与每个人之间的交往都是君子之交，平淡如水。这样当然没有什么问题，但有些时候难免会有一点遗憾——如果我也能拥有关系紧密的朋友，可以让我在任何时候，委屈了靠一靠肩膀，喜悦与她共分享，那就好了。

这样的姑娘渴盼友谊，却又笨拙地不知道该怎么做。所以曾经走得近的朋友，也因为后来不懂得维系而渐渐走远了。

这时候，你就应该学会一点维护朋友圈的技巧。

这个道理，我是从一个姑娘身上领悟到的。

她有很多很多的朋友，人缘好到我们都感到害怕。她出门晨跑的时都能认识一大帮年纪相仿的“跑友”，大家相约一起坚持跑步，一起在其他时候聚会，成为没有利益纠葛的真挚朋友。甚至于很多次都有“跑友”请她吃饭、送她礼物，在离开这座城市的时候，将自己带不走却又珍惜的物品擦拭干净，最终选择送给了她。

到底是什么出了问题？为什么我每天也出门晨跑，却只能遇到追我的狗和在后面呼喊的主人？时间长了，四条腿的“狗友”倒是认识了好几只，老远看到，我就得加快脚步，避免碰到一起再发生尴尬。

我想，大概就是这个姑娘特别懂得交际的技巧吧！不是那种为了利益而展现的，也不是因为她是一个热衷于交际的人，事实上她很少是人群中话最多、态度最热烈的那一个，但相处起来就是会让你感觉舒服。所以久而久之，只有跟她的关系是最长久的，自然显露出她的不同。

这个姑娘和我最大的差别，就是她不吝于在维护朋友圈上花费时间。她几乎每天都会跟不同的人视频聊天，下班之后有了空闲时间，就会在做面膜的时候、吃饭的时候，任何自己觉得合适的时间里，打开微信，选择一个正同样闲着的人开始聊。

有时候是她的亲戚们，有时候是关系有远有近的朋友，还有的时候是亲密的爱人……她享受这个过程，大概就是通过这样密切的交谈，让他们彼此之间的关系变得越来越紧密吧。

当她为对方付出时间和精力的时候，对方也一定会感受到，并且珍惜这份真挚而难得的感情。

我就不行。有独处的时间，我宁愿去发呆，去玩手机，去做任何可以自己一个人做的事情，就是懒得说话。而且越是如此就越懒，甚至亲密的好友在微信群里聊得火热，我也只想假装自己没有看到。这样的生活，会成瘾的。

除了跟母亲经常联系之外，我甚至连特别关心自己的亲戚都很少过问。有时候想要拿起电话，却又没有兴致，觉得我们之间除了鸡毛蒜皮的小事好像说不上什么话，而我们密切的关系也用不着虚伪的客套，所以更不需要刻意去维系了。

很快发现，我的朋友和亲人开始习惯于不找我聊天倾诉，不问我最近发生了什么，越来越少地关心彼此的生活。大概是因为我总是不常出现，所以她们也很难经常想起我，只是专注于自己的生活。有时候，距离和时间就是这样渐渐发生效果，如果你不常常给自己的友情注入一点强心剂的话，很容易就让它变得越来越脆弱。

我想，我应该跟那个姑娘学一学，不必付出太多、改变太多，只要明白维系朋友亲人的必要性，就足够了。

你不能一直等待别人去维系你们的关系，不能永远让别人主动，这样，这段关系的选择权就一直无法握在你的手中。

如果真的珍惜一段感情，关怀一个朋友，就一定要让她知道。当你感叹于彼此的关系因为时移世易、因为两地分隔而变得平淡时，有没有想过这其实并不是一种必然？你本来可以让你们的关系变得更好一些的，却因为不作为和放任走到了这样的地步。

如果你并不在意，觉得不远不近的距离也很好，那自然不必说。既然如此，就不要在后来为对方的远去而叹息，为注定输给时间和距离的感情而伤心难过。如果你在意，并且想永远让彼此这样好，就多花一点心思去维系。

友情和爱情一样，也需要花心思去保鲜的。没事给朋友打个电话，偶尔给彼此一点小惊喜，分享她们的喜悦和难过，你们的心就永远可以很近。

为什么在恋爱里，有的人受不了两地分居，最终分手，有的人却可以跨过数年长跑？归根结底，还是看你有怎样的性格和处理方式。

有的人一不见面，就连自己的男女朋友都抛在脑后，因为过于专注自己目前的生活，所以总是忽略远方的他，感情需求得不到满足，自然容易变淡；有的人哪怕分离，也一样可以花费大量的时间跟对方交流，一有时间就找各种机会奔赴见面，这样的两地分居，就算人是远的，可心是近的。

如同我的一位朋友，跟男友从恋爱开始就两地分居，已经六年之久，两个人感情却很好，她常常会利用周末的时间，奔波几个小时去看望自己的男友。有的时候我都替她感到疲惫，每次的见面都搞得这么紧张劳累，回来之后还要坚持工作日的忙碌，值得吗？如果是我，周末大概会选择在家里休息，或者去外面好好玩一通吧！

算了，如果是我的话，这段感情大概也就坚持不到现在了吧！我想，正是因为我们之间有这样的差距，我更愿意将时间放在自己身上，而吝啬于去跨越一些困难和爱人在一起，所以我才没有可能承受异地恋的苦楚，才不会成为能够坚持到现在的她。

我还要跟她们学习，如何维系一段长久的感情，哪怕分离也不会变淡。这必然是一种生活的智慧，只有学会了，你才懂得如何和别人更加紧密地交往。

你得学会一个人热闹地活着

还在读书的时候，对女生来说最大的惩罚莫过于一个人待着。

姑娘们平时都喜欢成群活动，一起去唱歌，一起去自习，走到哪里都是呼朋唤友、热热闹闹，好像生活里永不会有孤独的阴霾。那时候彼此凑到一起，神秘地窃窃私语，对话内容却可能是这样：

“一起去上厕所？”

“走着！”

怎么，缺了一个人陪着，你连上厕所都不会了吗？还真就是，一个人的厕所之行，怎么看怎么有点孤单，尤其是周围人都成双成对，把通往厕所这一段短短的路演绎成集合了八卦、撕逼、真情流露、学霸争斗的大型综合连续剧时，你插着口袋低着头的身影怎么看怎么局促。

没人陪，连上厕所都没有资格磨蹭，只想光速解决。

所以我们不能忍受自己一个人。一个人，意味着你的空闲时间再无人陪伴，没有人跟你一起度过。

然而伴随着我们越走越远，一个人的场景也就越来越多。我们渐渐从热闹的学校中毕业，再也回不到那么多同龄人凑在一起、无话不谈的日子。

你会感到孤单吗？不会的。你应该渐渐明白，一个人并不等同于孤独，一个人也不等于不热闹，生活总会教会我们如何一个人热闹地活着，哪怕学习的过程可能会磕磕绊绊，你也终究会懂。

我曾经也是受不了一个人的人，因为我忍受不了一个人生活的失序感。同样的计划，当有另一个人参与的时候，我就会更加注意一些，只有自己的话，就不会那么认真了。越是习惯于一个人，就越是喜欢心血来潮地做事，原本打算好的一切，在实施的时候可能随时变化，甚至绝大多数一开始规划得很好的期盼，最终也无法完成。

哪怕是自己吃一顿饭，如果没有另一个人陪着，也常常是草草结束，无法享受美食带来的快乐。

“反正就我自己，凑合凑合算了。”这样的态度敷衍的不是别人，正是我们自己。习惯了一个人，习惯了这种失序之后，我就在这种对自己的敷衍里浑浑噩噩度过了很长时间。

直到有一天，我从别人身上学会到了独处的含义，明白了一个人应该怎样认真生活。原来，哪怕自己独自前行，一样可以过得风生水起。

那个教会我道理的人是 Y 小姐，是我在研究所读书时，租房遇到的舍友。

在我跟她一起合租的时候，恰好是我最糟糕的状态。在研究所遇不到多少人，大多数时间大家都安静地待在自己的办公室里，有时候一天都跟别人说不上几句话。身边的人多是木讷的理工男，虽然相处起来会发现都是善良的好人，但他们不会跟你讨论八卦，也不会分享给你什么有趣的信息，更不可能邀请你跟他们一起逛街。

你们之间，就好像鱼和松鼠的关系，除了都生活在地球上之外，根本没有什么联系。

一下子从热热闹闹的大学骤然步入这个状态，我特别孤单，每天频繁地发各种朋友圈，找到机会就要给远方的朋友打电话，一次就是一个多小时。其他时间，除了工作我都在发呆、睡觉，根本提不起精神去做任何事，也没有心情去外面走一走，哪怕只是晒晒太阳，都让我觉得多余。

就是这个最关键的时刻，Y 小姐让我看到，一个人也可以活成别的样子。

她比我大几岁，已经在这个城市中打拼了几年，看得出来，Y 小姐很适应现在的生活，哪怕在繁华的大都市中一个人奋斗，Y 小姐也一直没有放弃追求高品质的生活。

她会在周末我窝在床上无所事事的时候，拉着我一起大扫除，将整个屋子打扫得干干净净。说实话，一开始我嘴上很愿意，其实心里并不觉得有必要，只是太无聊所以才没有拒绝罢了。在我看来，地面并不是那么脏，窗帘也没有必要去更换，厨房一个星期不会开一次火，根本不需要擦洗，做这些不是闲得没事做，就是脑子有坑。

我是闲得没事，但 Y 小姐是不是脑子有坑，我就真不清楚了。

当时还这样吐槽的我，当看到收拾得窗明几净的屋子时，却惊艳了一下。如果屋子也可以用“淡妆浓抹”来形容，那收拾之前就是一个素颜的姑娘，收拾完却变得明艳照人。完全不是一种感觉，仿佛整个人都跟着一起干净了不少，就要开展一段新的人生似的。

“你看，虽然房子是租来的，但是日子是自己过的，随便一收拾，整个人心情都好了。”Y小姐甩着手里的抹布，俏皮地跟我眨了眨眼睛。

“你平时自己一个人的时候，也喜欢这么做吗？”我说，“我是说，喜欢在生活中折腾些小惊喜之类的？”

“当然了。就是因为自己已经是一个人了，比和朋友、亲人在一起更容易寂寞，我才要尽可能地将每天都过得热热闹闹的，这样才会开心。”她说。

没有人会替你过你的生活，也没有人有义务让你快乐，你还是要学会取悦自己。

Y小姐每天都过早睡早起的自律生活，美其名曰是“女人的坚持”，并以此为傲。她喜欢一个人化个美美的妆去逛街，哪怕是刚工作完一身疲惫，也能在新衣服中得到乐趣。她窗台边养了两株需要精心伺候的兰花，一般人养不好就要变成韭菜、杂草，但是Y小姐的花偏偏显得恰到好处，放到哪里都能做艺术品摆拍。

“我要养，就养最不容易成活的花，不容易养好的花，这样才会记得将它挂在心上，不会放在那里就忘了。那样，就失去了在生活中养花的乐趣和意义。”Y小姐如是说。

愿意养花的人，其实养的不是花，是对于生活的享受和对美的追求。一个把自己的日子都过得一塌糊涂的人，不会想莳花弄草，因为他没有精力。

在Y小姐的影响下，我也养了花，是好成活的多肉。这样我就记得，有阳光的时候把它端出去晒一晒，顺便也晒一晒我几乎要发霉的灵魂。

原来一个人，也可以精彩地活着，不必依赖别人给我们支撑，不必将所有的秩序都寄托到别人身上，我们自己也可以做到支撑自己。

独立的另一个表现，大概就是学会一个人好好活着，享受生活，把一切都打理得井井有条。

我曾经以为自己是个独立的人，也对朋友们所说的“你是离不开人的”嗤之以鼻，但那些经历告诉我，我错了。在没有真正处于完全一个人的状态时，你永远不知道自己到底有没有这样坚强的心脏，和一个能折腾的精神，让自己快速从中找到生活节奏。

所以，别对自己抱有太大的信心，时刻警惕着可能到来的、不可避免的孤独危机；但也别对自己没有信心，你要明白，我们都能够适应这样的生活，并且可以活得很好，只是时间快慢而已。

如果你能自己也活得热热闹闹，不是活给别人看，而是把自己当作最好的观众去对待，不敷衍、不颓丧，你就真正成为一个独立的人了。那时候你会发现，一个人吃饭、旅行、生活，并不一定是一种孤独的场景，也可能是温暖阳光下，你闭上眼睛时感到的满足与平静。

朋友圈没赞很可悲？你还是太年轻

一

又有人发朋友圈了，我一看下面已经点满了赞，赶紧点了一下右边的心形符号，把我的赞也送给了他。

说实话，这个动作完全是下意识的行为，是为了让对方明白——你看，我向你示好了。

虽然我自己全然不在乎，但很多人都将朋友圈的“点赞之交”看得非常重。你今天给别人点了赞却不给他点，也许只是因为没有看到，但对方心里说不定就要嘀咕一下，是不是做了什么让你不高兴的事。如果你总是忘记给别人点赞，他们见到你发朋友圈的时候，也不愿意为你捧场，只不过是因为“礼尚往来”的那些小心思。

这样的情况，在女生群体当中更加明显。尤其是把交往看作天大的事的年轻姑娘们，在朋友圈的人气高低直接影响她们的心情。如果今天发的东西没有人点赞，只怕她会在一遍遍地刷新之后，开始怀疑人生。

至于吗？难道一个赞真的有这么重要？看了看我光秃秃的朋友圈，几个月没有发过一次信息，我后知后觉地发现，也许还是90后的我已经开始老了。

开始不再在乎别人的看法，出去吃饭不会忙着拍照，因为没有分享给别人的心情，而是更愿意沉浸在当前的美味中；开始不在乎别人的评价，可以穿着自己喜欢但夸张的衣服出门，拍张照片传到我没有几个粉丝的微博上，就为了自己高兴；开始不在乎别人怎么想，偶尔想说什么就说什么，也不怕别人会不会在背后嘀咕我。

反正你们的想法和态度，跟我又有什么关系呢？

所以，那些还在关注朋友圈有没有赞、自己是不是人缘够好的姑娘，你们还是太年轻了。这样的年轻当然好，因为忧虑的事情更少，所以才会将一个赞看作天大的苦恼。但这样的苦恼也没有什么必要，外面春光正好，何苦将精力纠结于别人的态度？

尤其是，朋友圈的一个赞根本无法体现任何东西，点赞的未必真心实意，没有赞的也不一定不关心你。这时候，再纠结于谁点没点赞就实在没意思了。

小唐最近跟男朋友吵架了，原因是朋友圈的一个赞。

她发了朋友圈，不久之后刷新一看，自己的消息上面，时隔几分钟另一个人发的朋友圈，被男朋友点了赞。

她一下子生气了，想到那些公众号都在告诉女生的话，譬如“男朋友不理你给别人点赞，分手吧”“刷朋友圈还不回复你的男人，你还敢要”等等，觉得特别有道理，直接就跟男友发难，气势汹汹地吵了起来。

“如果他没在玩手机也就算了，看到了还不给我点赞，给别人点，一点面子都不给我。”她说，“要是我们都认识的人看到了，还不知道怎么嘲笑我呢！这样的男人，一看就是对我不上心。”

“那……他平时对你上心吗？”

“说实话，还挺好的。”小唐说。

在我看来，小唐的男朋友已经不错，对待这份感情很认真。只要有假期的时候，男友一定会带小唐出去旅行，平时一有时间就带着自己做的美食来探班，小唐可是一次都没去慰问过他。每次一吵架，基本都是男友赔礼道歉，因为他说不想让女生受委屈。他们之间的纪念日，小唐的男友总是主动记得很清楚，绝对不会让她没面子。

这样还不行，现在连没点赞都不许了？

“我没点赞，是因为觉得我们俩不需要那些虚的，已经是这样亲密的关系了，还用得着客气吗？那个同学倒是好久没见了，点个赞表示一下善意而已。”小唐的男朋友也很委屈。

事实上，一个赞能代表什么呢？他给别人点了赞，就是对那个人比女友更亲近吗？这样的逻辑，也只有天真的姑娘才会相信。

说起来，我的男友从来没给我点过赞，也从未留言过，倒是经常跟我的朋友在他们的朋友圈下面聊得火热。要是让性格敏感的姑娘看到自己的男友这样，说不定还以为他看上自己闺蜜了呢！但我们已经持续这样的状态很多年了，我知道他并非有意，只是觉得彼此之间不需要这些虚伪的客套。

我的联系人里，没有什么多余的人，都是最亲密的朋友。发朋友圈的时候，我也会将无关紧要的人都屏蔽掉，只留下几个愿意分享的对象。说实话，几个赞我真的不在意，甚至于发朋友圈都很少。

而唯一一段发朋友圈很频繁的时间，就是我刚开始一个人生活、状态极其不好的时候。推己及人，那些将朋友圈经营得非常热闹的人，那些特别重视点赞与否的人，是不是生活中得到的爱还不够多、内心还不够充实，所以才会这样过分地在意这些虚无缥缈的东西呢？

不再在乎朋友圈的点赞数，是一种现实生活更加充实的表现，是你的幸运。

之所以并不在乎点赞，也是因为朋友圈的点赞之交，并没有你想象当中那么善意和牢靠。一个人是否点赞你，不一定代表他的态度，有可能是碍于面子或不得已为之，如果真的当真了，还是你想得太单纯。

可以说，这个赞的存在没有任何含义，它不存在，也不代表你少了什么东西。它大概是世界上最没有意义的东西，却牵动起许多人的情绪，实在有趣。

小 A 就总习惯于追逐热闹，特别在意这些自己是否受欢迎的信号。她每天都要看自己的微博或者朋友圈，注意人们的点赞和转发，为此要一遍遍地检查自己的照片是否完美、角度是不是合适。如果没有，不好意思，删掉重拍。

所以，你会经常看到小 A 又删掉了朋友圈，并非是说错了什么话、出现了什么感情波动，纯粹可能是因为刚才发的照片角度不好、写的文案不够精彩。

她花了太多时间在这些事情上面，甚至开始影响自己的工作。为了“礼尚往来”地回馈别人的点赞，小 A 几乎要把朋友圈其他人的消息都看一遍然后点赞、留言，好像这样彼此之间的关系就近了一大截，成了全世界最要好的闺蜜一样。在微博上如果有了陌生人评论，小 A 很快就要跟人家聊上几句，然后加对方为好友。如果两个人聊得还不错，对方一般不好意思拒绝，你看，这不就有新的粉丝了吗?

如果说小 A 也是一个数据分析师的话，我想并不夸张，这些网络社交的阅读、点赞、转发数据，没有人比她更清楚。她完全能够根据各种风吹草动，分析出什么时候发朋友圈、写怎样的文案、配什么图片最容易引起别人的关注。

不过这对她的生活有影响吗？好像没有。朋友圈里点赞的那些关系不远不近的人，在现实中还是一样不远不近，没有因为多点几个赞就跟小 A 亲密起来；微博上转发评论的陌生人，更不过是打发自己的无聊时间而已，跟小 A 还是毫无关系。她所以为的受欢迎，永远构建在自己二次元的线上，而不是切实的三次元中。

最大的影响，大概是小 A 现在花在上面的时间太多了，已经引起了老板和同事的注意。不过她也做出了改进——上班时间，她把这些人屏蔽了。反正，没人能打扰小 A 发朋友圈的坚持。

这样的坚持，毫无意义。如果谁将朋友圈的赞数放在心上、挂在嘴边，我不得不说，这是个真正的傻瓜。

让自己吃亏的人，别人也不会喜欢

做人，先学会不要让自己吃亏。

我想这句话很多人大概都会赞同，赞同之余还要骂我一句“废话”。谁天生就愿意让自己吃亏呢？我们都懂得为自己争取利益，现在人们早就不信“吃亏是福”这一套了。

但真到做事的时候，你常常会发现自己不过是嘴硬而已。说得相当有底气，一旦做起来，你还是扛不住会让自己吃亏。这样的人，往往都是老好人。

你是不是在面对别人的请求时，明明心里不愿意，还是不好意思拒绝？是不是本来可以获得更好的工资待遇，但顾虑着“不好意思”所以始终没有开口提？是不是可以有更好的做法，但为了赢面子，还是死撑着用输了里子的笨方法解决问题？

明明可以不吃亏的，但还是选择了让自己吃亏去成全别人，这样的人很多。

这样的成全有的是善良的，有的却是愚蠢的。适当的成全是你的爱与宽容，这样的亏吃点也就罢了，但是过分的成全，就是在压榨自己去满足别人，只有最傻的傻子才会做。

就像我小时候听过的故事，一个富翁为了救济乡里，将自己的家财散尽。人人都享受到了富翁给予的馈赠，但他们是怎么评价他的呢？

“还好他傻，不然我们也沾不着光了。”

不想付出之后还要别人说你傻，就在做出决定的时候多想一想自己。不要做那个吃亏的人，我们已经过了犯傻的年纪，该多爱一点自己，才有能力去爱人。

朋友 W 小姐就经常在职场上吃亏，有时候甚至胡乱吃亏还以为自己很善良。在她们公司，W 小姐的名气非常大，很多人都知道她，这倒不是因为她能力强抑或是后台硬，更不是因为她身上有什么八卦流言，而是 W 小姐堪称是现代雷锋，有求必应。可以说，不管你有什么困难想让她帮忙，只要说一声，基本上她都愿意替你做到。别说是力所能及的，就算做不到她也会勉力一试。

对 W 小姐来说，帮别人成为一种习惯。她似乎习惯于讨好别人，好像只要别人夸奖她一句，她就能为对方赴汤蹈火似的。这样一个人，在同事心中的评价当然很不错，但对 W 小姐来说，却平白变得非常累。

因为有求必应，她经常面临一些自己不能拒绝的请求，不管能不能做到，都对她的生活增添了不必要的负担。小到有些人没有时间取快递就拜托她，大到同事的一个项目无法完成，就请 W 小姐帮忙，总之无数的人都有理由去打扰她工作，只是为了让她帮自己做一些事情。

W 小姐从来不敢让别人失望，只要有人拜托她，她就诚惶诚恐地答应，即便为难，在别人的恳求之下，也只犹豫几分钟就点头了。对其他人而言，这样的 W 小姐当然是活雷锋一样的好人，但对她自己来说，平白多出的工作占据了她所有的空闲时间，不仅很累，而且经常连自己的事情也办不好。

但是 W 小姐一开始还是乐在其中的。也许她受的教育当中，与人为善是一件非常重要的事情，所以不管任何时候，只要别人有需求，她都愿意及时伸出援手，她将这当作自己的原则。我觉得这样的原则并非有错，但与人为善也应该保有底线。想要善待别人，首先应该善待自己，如果你为了帮助别人，却让自己吃亏，别人未必会感激你，因为你这样的行为实在是太傻了，没有人能够理解。

所以 W 小姐注定要失望，只是当时她还不清楚，直到有一次，一个不熟的同事用自己过分的行为打醒了她。

这个同事是隔壁办公室的，平时与 W 小姐的关系非常疏远，只是点头之交而已。按理说有什么问题，她不应该来找 W 小姐帮忙，而是要找自己的合作伙伴，但事实恰恰相反，大概是 W 小姐的名声太广，这个同事不仅找上门来，态度还很不客气，似乎 W 小姐理所应当为她服务一样。

“你帮我做一下表格吧，经理让我一会儿就交上去，也不难，不会耗费很多时间的。”

听到这样不客气的语气，W 小姐有些震惊，心里也有些恼怒。凭什么让自己帮忙，却还这样一副理所应当的样子？既然不难的工作，为什么她自己不能做呢？这样想着，W 小姐觉得自己不应该答应，就第一次狠狠心拒绝了对方。

W 小姐想，这只是一件无足轻重的小事，而且本来自己也没有错，对方应该不会介意。没想到第二天上班的时候，W 小姐在走廊里撞见了对方，她竟然连招呼都不打，翻了一个白眼儿就走了过去。

这让 W 小姐又委屈又失望，平时自己帮助了这么多人，为什么只是拒绝别人一次，就招来这样的对待呢？

说到底，罪魁祸首还是 W 小姐自己。如果不是她将这些人惯坏了，做什么都有求必应，别人也不会将她的帮助看作理所应当。

像 W 小姐这样的人还有很多，而且大多数是抹不开面子的姑娘。不管是性格羞涩也好，还是不善于拒绝别人也好，抑或是平时太好说话，都容易遇到这样的情况，那就是莫名其妙地得罪了别人。其实你未必做错了什么，不过是因为平时太好说话了，所以偶尔拒绝别人的时候，他们反而觉得你特别不近人情。

而实际上那些请求他们也知道是不合理的，更不会盼望着别人能够帮助他们，只是理所应当地觉得好说话的你愿意吃亏而已。

你看，如果你习惯吃亏，别人并不会从你的角度为你着想，并感谢你对他们的付出。如果连你自己都不爱惜自己的时间和精力，又怎么能指望别人尊重你呢？

你要在心里对自己能做到什么地步有明确的认识，明白什么样的事是我们可以承受的。面对原则，必须做到一步不让，因为当你犹豫而松动的时候，就意味着你将永远失去自己的原则。可以给自己设立几个条目，比如“工作时间不帮助他人”“不帮他人完成任务，只能进行指导”“生活上的私事除非必要不插手”等，从一开始就告诉别人，这样他们就不会提出让你为难的要求了。

四

W 小姐就是因为没能明白，做一个受欢迎的人绝对不等于胡乱吃亏，所以错误地将无原则的吃亏当成座右铭，才会让自己受苦受累。事实上，她这样的选择才是最傻的。

为什么？因为你吃了亏，别人也只会小小感激一下，未必会真的喜欢你。不要做让自己吃亏太多的人，时间久了，别人就会把让你吃亏当作习惯，不会看到你的付出，认为一切是理所应当，甚至可能背后嘲笑你的傻气。

你连自己都不爱，别人也不会喜欢你的。

我们要爱自己，不影响自己去为别人奉献些东西。做一个道德标准高的人，不影响我们在职场上获得成功；在事业上要求严格，不影响我们对家庭担负责任……当你发现它们之间开始碰撞、互相矛盾时，意味着至少有一个方面是错误的、是应该调整的。

那时候，你就应该思考一下是不是自己什么地方做错了，是不是自己太过于不计较，所以吃亏太多，已经伤害了自己和家人。

胡乱吃亏，是非常没有意义的。

我遇到过一个做销售的年轻人，与其说她在做销售，倒不如说她在做慈善。为什么会这么形容呢？是因为这个年轻人特别会自己给自己砍价。也许是刚刚开始做这份工作，她不会像别的销售那样伶牙俐齿，就只好通过给客户更多折扣来招揽他们。每当客户询问她是否能降价时，哪怕对方的态度只是试探，并不一定要她降价，这个年轻人也会非常干脆地给对方一个折扣。因为这样看似慷慨的销售行为，让她很快积累了不少的客户，但她私下却对朋友抱怨说，自己其实并没有在这些单子当中赚钱。

原来这些折扣并不是公司给予她的权利，而是她用自己的抽成补给了对方。这样一来，公司没有多花钱，客户也少花了不少，唯一白忙乎的就是这个年轻人。

“我不仅仅是为了完成任务，只是想积攒一些对我有认可度的客户。只要有足够的客户认可我，念在我曾经给过他们折扣，以后也该会有不少合作的。”年轻人说。

可以说她是看中了长远的发展，所以才放弃自己短期的利润。如果这个年轻人用其他的方式达成自己的这一想法，我一定会非常认可她，但她现在所选的方式，我却觉得太想当然了。

原因很简单，这样的折扣不可能维持很长时间，一旦将来她调整了价格，老客户们首先想到的不一定是念她的好，而是觉得不合适了。这种情况下，他们更容易放弃她去寻找别的销售。

所以搞销售的人都知道，坚持自己的原则，一定不能让自己真正吃亏。他们有一个价格底线，只要超过了这个底线价位，就算再大的合作也绝对谈不下来。

为什么？如果你答应了，觉得自己吃一次亏没什么，就意味着以后还可能有第二次、第三次。而且，商场如战场，别人可不会因为你吃亏了就同情你、认可你，反而还会觉得是自己会谈生意。

所以，年轻销售的“自砍价”行为其实就是毫无理由、毫无好处的吃亏，不仅让自己白忙一场，也不会得到别人的感激或者亲近。这样的行为绝对不会给她带来理想中的结果。

更可能出现的情况是，当她下一次提升价格的时候，客户会因为待遇的变化而感到不满，报复性地转身去寻找别人或终止合作。除非她不断后退、一直让利，否则很难长久维持一段好的关系。

不要去学那些靠吃亏得到好名声的人，现在吹捧他的人未必真的喜欢他，只是可以从中获得利益而已。真正值得依靠、吸引别人的人，是有原则的、公正的、正直的，而不是软弱的、吃亏的。记住这一点，你会走得更轻松一些。

你是个平凡的人，总会有人讨厌你

你想成为一个讨人喜欢的人吗?

关于这个问题，绝大多数人的回答都是“想”，少部分并不在意，但终究应该没有多少人想要被别人讨厌。

作为社会动物的我们无法承受绝对的孤单，为得到别人的肯定而去做事，已经成为一种条件反射下的行为准则。被人喜欢、被赞夸奖、被人报以一个微笑，都能让你的天空瞬间放晴。

这并不是一种幼稚，几乎没有人真的能做到绝对的特立独行，面对所有人的不理解依旧“虽千万人吾往矣”，我也是一样。正因为想要得到别人的喜欢，想要被更多人肯定，我才有不断变得更好的动力，这种想被肯定的冲动，大多数时候都是正面的。

但你也要知道，就连人民币也不会得到所有人的爱，作为一个平凡人的你，总会被一些人讨厌。被人喜欢是正常的，被人讨厌也是正常的，所以不必去努力求得所有人的赞同与善意。

只要有人理解你就好了，至于其他人，别放在心上。

但太多姑娘做不到这一点，想要得到别人肯定的心情那么迫切，让她们过于在乎别人的眼光。今天穿了一件自己喜欢的漂亮衣服，但却没有得到别人的认可，还被劝告“太丑了，换下去吧”，哪怕对方的衣品并不好，被劝告的姑娘也会开始犹豫，是不是将衣服束之高阁。因为她们想要的可能并不是自己的喜欢，而是别人对自己的肯定。

所以面对他人的否定、挑剔和不满时，她就格外犹豫了。但是，你不可能得到所有人的认可，不可能赢得全部人的喜欢，总有一些会令自己不愉快的言语夹杂在其中，你真的需要在意吗?

理智一点，学会去分辨哪些话是应该听的，哪些意见是应该慎重思考的。至于其他的人，就让他们的话从你耳边过去吧，你根本不必在意。

太多姑娘总是过分在意别人的看法，并急迫地想要讨好那些挑剔自己的人。殊不知，不喜欢可能不需要理由，你过于在乎他们的看法，不过是给自己添麻烦而已。

闺蜜佩佩长得很漂亮，作为从小就见证她成长史的好友，我必须拍着胸脯保证，她的大眼睛、大长腿、漂亮脸蛋，全部纯天然继承自自己的父母。

第一次见到佩佩的母亲时，我都惊呆了，竟然有这么漂亮的阿姨。可见优秀的基因是不可能被埋没的，总能体现在下一代身上。

就像金发碧眼的女郎总是有些无脑，因为她们的人生中会获得更多宽容和喜爱，所以不必拼命争斗就能得到一切，自然显得傻里傻气，佩佩也是这么一个“有脸无脑”的姑娘。倒不是说她有多傻，只是跟有侵略性的长相相比，佩佩的性格其实非常单纯，总是想与人为善，甚至有些柔弱可欺。

每个看破她张牙舞爪的外表之下小白兔一样灵魂的人，都觉得这姑娘一定容易吃亏。

果然，佩佩的事业发展就比别人更坎坷一些。刚进入公司的时候，佩佩就成功通过一次露面赢得了很多男同事的好感，和相当多女同事的微词。其实女生的想法很简单，对于一个长得漂亮、有侵略性而且还跟自己不熟的陌生人，除了欣赏之外更容易生出警惕心。

佩佩也很懂这里面的道理，所以尽量小心低调，不敢出什么风头，平时也是和善温柔，几乎有求必应。时间久了，大多数人都愿意对她释放善意。

但还是有些人对她抱有难以理解的恶感。

一个碎嘴的男同事私下跟别人讨论佩佩的八卦，明明是他人不顾公司不能办公室恋爱的规矩，硬要追求佩佩，还被她拒绝了，在这个男同事口中却成了佩佩“架子端起来了”“很有心机”“不就是没看上人家”……佩佩第一次发现，男人嘴碎起来，比女人可强大多了，也说话难听多了。

她哭着跟我说：“怎么会有这样的人呢？之前我还帮过他的忙，对他也没有什么不好的啊！他甚至还表达过对我的好感，只是我装作没有听懂，委婉拒绝了而已。”

我大概能理解这个男人的想法，一点点高攀不上的不平衡，加上内心扭曲的嫉妒和不甘，让他开始编排佩佩，好像把她说成那样的女人，就可以把自己有好感却追不上的遗憾诠释为“是我不稀罕她”似的。自私自利的人，他的恶意可以毫无根据。

佩佩不知道是否还有这样的人如此看待自己，她只好更加谨小慎微。甚至一向爱美的她不敢在公司化妆，不敢穿好衣服，只想低调一些不要再引发什么问题。可是这样换来了什么呢?

“白瞎了一张脸，长得好看品位这么差。”“本来以为是个美女，没想到打扮起来一点没有气质。”……关于她的品头论足，从来没有停止过。流言蜚语和莫名其妙的恶意，不会因为你的退让而变少，只会换一种方式再次出现在你的生活中。

“何苦在乎别人怎么看，你开心就好了。”我说，“你不可能得到所有人的喜欢，为什么还要辛苦去讨好他们?”

不错，就是讨好。对待那些挑剔我们的人，我们本应该用同样的态度回敬他们，为什么反而变成了讨好?你就那么在意这些外人的看法吗?要我说，不过是斯德哥尔摩综合征的另一种表现罢了。

佩佩大概也明白了，这种毫无用处的退让只是助纣为虐，虐的还是自己，所以干脆“破罐子破摔”，压根不再理会别人。她换上自己喜欢的衣服，化想要的妆容，说自己想说的话，会仗义执言地顶撞别人，也会在不合适的时候果断拒绝。这样的表现，那些不喜欢她的人还是会议论她，但也有一些人成为她的知己。

真实的她，就是这样一个傻乎乎的直爽姑娘呀！喜欢这一点的人，自然会跟她走得更近，而她释放了自己，收获的是更值得的感情。有了这些朋友的帮忙，那些私下咀嚼的流言蜚语，反而变得少了。

“我发现，这样的生活更舒服了。”佩佩感慨道。

这样的生活谁不喜欢。已经有太多的场合，让你不能说想说的话、不能做想做的事情，如果你还要压抑自己去讨好不喜欢自己、自己也不喜欢的人，是不是有些太卑微了？

不必让所有人都爱你，因为这是一个不可能完成的挑战。与其在这件事上耗费你的青春和精力，不如收拾收拾，做真正的自己。

让那些讨厌你的人，有多远滚多远。他们的话，我们不在乎！

对嘲笑者最好的反击，就是活得比他好

一路走来，我想自己也算是经历了酸甜苦辣。遇到过雪中送炭的朋友，也见识过趁火打劫的强盗，结实过仁厚善良的君子，也遇到过捧高踩低的小人。世间有千千万万种人，我们总能遇到各种各样的奇葩。

其中我特别不理解的就是，总有些人很喜欢嘲笑别人。对待比他们混得差的，必然是要嘲笑的，恨不得还要踩两脚凸显出自己的高大；对待那些比他们混得好的，他们也要嘲笑一番，无非是用各种理由想要拉低对方的形象，以此证明自己也不差。

有趣的是，对待那些跟自己的生活风马牛不相及的陌生人，他们也要找机会嘲笑一下，没事敲击键盘来个地域黑、专业黑、工资黑，好像这样能让他们的生活变得更好似的。

难道嘲笑别人，能让这些人加工资不成？

这种损人不利己的事情，我实在想不通为什么有人会去做。所以对待那些嘲笑我的抑或嘲笑了别人的人，我连一句反驳都欠奉。最好的打脸，莫过于活得比他们更好，用实际行动告诉他们，咱们根本不是一个层次的人。

如果你捧着一颗玻璃心，别人嘲笑一下它就碎了，一地的渣滓扎得自己死去活来，那才是让嘲笑者最期盼的结果。他们想让你哭的时候，你偏偏要用一个高傲的笑，让这些人从视线中滚出去。

在他们身上浪费时间，是不值得的。

我的姨妈今年60多岁了，是恢复高考之初几年的大学生。那个年代的大学生实在是非常稀少珍贵，除了一生境遇不佳的人，基本都拥有了不错的工作和社会地位。姨妈并不算里面混得好的，充其量她也只是一个普通人，但她的一生也算是平稳安乐了。

姨妈经常笑着谈起自己的同学们如今是如何成功的人，而自己如何平凡。她的态度是无奈而略带满足的："可能我这辈子最大的勇气都放在当年高考上了。"

姨妈成绩一直很好，但在那个年代，“大学生”就像旧时候考状元一样，是千里挑一、万中难求的，一个不小心就会落榜。在姨妈这样骄傲的年轻姑娘眼里，落榜的丢人程度比不去参加考试还要严重。

然而，姨妈那时候参加高考并非是唯一的、最好的选择，所以她的很多朋友就选择去工厂做工人，一样过得很好。在这种情况下，还要冒着丢脸的风险去考试，实在需要勇气。

她的好友成绩也很好，却放弃了读大学："我就不参加考试了，你知道隔壁的小李没事就看我们家笑话，要是我考不好，我妈还不得打死我，我都没脸出门了。"

在这个十里八乡都是亲朋的地方，一个消息可以飞快传到所有人耳里，而生活中的摩擦也让亲戚之间并不都是融洽的。一个人过得好与不好，有很多人都会关注，他们有的盼着他好，有的等着嘲笑，但不可否认，只要是出格的、意外的事，一定会成为所有人的谈资。

姨妈一听，也觉得不想去了。

“你要去。别人嘲笑你怕什么？能少吃几两饭还是少收一亩地？就算我闺女没考上，那也是读了高中的，也是差点考上大学的，比他们土坑里刨食的聪明厉害多了！”姥姥是个厉害的女人，虽然自己没有读书，但是一直尊重有文化的人，力劝姨妈去考试。

姨妈终于下定决心，去了，最终以绝对压倒性的高分考上了省里的名校。那些暗中想要嘲笑她的人只好闭上嘴，不论真心与否，都要送上祝福。

你看，当你真正用实力碾压他们，比他们过得更好时，那些嘲笑你的人也就闭嘴了。他们之所以用言语来攻击你，无非是想要你动摇心态，最终落到和他们一样的平台上，这样他们的嫉妒和不满才能满足，才会开口说你一句可怜。

凭什么我们要让嘲笑自己的人快乐？不！越有人嘲笑你，你就越要活得好，光鲜亮丽地回来炫耀给他们看。不过那时候，我想你应该没有这个兴趣，因为你早就成了和他们不同世界的人。

不要怕嘲笑，你只要向前就好。

当姨妈进入大学之后才发现，身边的同学还有考了两三次才读上书的，那姑娘更加淡定：“有人笑我啊，那两年我爸把笑我的人打得不敢从我家门口路过，出门都没人跟我说话。可是你看现在，我

考上了大学，村里放鞭炮送我来读书。”

俗人似乎都喜欢看热闹，更喜欢看那些龙游浅水、虎落平阳的戏码，看一个以往自己追不上、触不及的人倒霉，哪怕他们什么好处也得不到，同样会兴奋激动得睡不着觉。不必怀疑，你处于每一个关系到未来的紧要关头，都会有人准备好了瓜子可乐，等着拿你失败的消息作为新的谈资。

这种心态，可能来源于深埋心中的嫉妒，抑或是骨子里恶劣的幸灾乐祸。但当你比他们好太多的时候，这种嫉妒就只会变成无可奈何的羡慕，他们只会夸你如何，却不会再想看你的笑话。因为你已经将这些人甩得太远了，明眼人都看得出，你们不处于一个量级。

所以，堵住别人嘲笑最好的办法，就是把他远远甩在后面，而不是跟他计较口舌。

CC就特别喜欢跟别人较劲，每次在社交软件上，看到陌生人莫名其妙地嘲笑他人，她就生起一股不能压抑的愤怒。用她的话说，可能是自己体内的中二之魂还没有燃烧殆尽，所以一看到这种情况就忍不住义愤填膺。

就这样，CC练就了一番骂战的本事，维护正义忙得不行。有时候我也为她感到疲惫:“至于跟他们计较吗？这些人吃饱了没事干，比你时间多得多，跟流氓吵架，你是胜不过他们的。”

就算你口才再好，架不住他们人固执嘴又脏、时间还不值钱，跟他们较量纯属自找麻烦。

“谁让他口出狂言，竟然还敢嘲笑我丑穷挫！”CC说。

“那你丑穷挫吗？”

“我不觉得啊！”CC委屈地说。

“既然这样，你为什么在乎他的嘲笑呢？为了一个别人眼中的你？”

“对啊，我幼稚不幼稚！”

可不是，听起来太幼稚了，对吗？可是你肯定也做过这样的事情，未必像CC一样跟一个陌生人隔着网络较劲，却一定在意过别人对你毫无根据的嘲笑或者毫无影响的否定。何苦这么介意，他们又不是你，他们又不了解你。

你只要过好自己的人生，就是对他们最好的反驳。

学会说话，你的情商就不会挂科

语言的魅力是很大的。

同样的内容由不同的人以不同的方式说出来，结果是截然不同的。一句话可以让人开怀大笑，也可能让人恼羞成怒，当别人对你的话产生了不同的观感，他们的应对方式和对你的态度当然也就不一样了。所以一个会说话的人，往往在社会生活当中无往不利，如鱼得水，就是因为他们用“语言”这个武器给自己打开了一条道路。

可以说，一个人的交际能力至少有一半体现在讲话上。学会说话，你的情商基本上就及格了，如果恰好还在其他地方有所表现，很容易就能击败相当一部分人，成为人群中受欢迎的那个。

会说话就是会把握讲话的分寸，懂得什么时候该说什么话。

事实上，只要在生活中有所观察，你就会发现只会空谈、不会把握说话分寸的人，很难找到真正愿意听他们说话的人，即便是他们积极参与到聊天中，因为总是不能把话说到位，别人要么就是不解其中的意思，要么就是只为了给他面子才会听，大多数时候都很难让谈话热闹起来。如果你也有这种“终结谈话”的能力和困扰，也许就是在某些地方，你缺乏一些谈话的技巧和分寸感。

说话绝对不是两张嘴皮子上下一碰的事情，有分寸感才能说是会说话，一个有分寸、会说话的人，会根据说话的对象、场合、分寸、时机，来改变自己的说话内容和技巧，恰到好处又有原则地将自己的意思传达给对方。不然——也许张嘴还不如闭嘴更容易引起别人的好感呢！

说话要有分寸，注意场合，实在是一个很需要钻研的事。因为分寸感不仅仅是一种话语的掌控力，更来源于你察言观色的技巧。当你说到对方不感兴趣或者十分避讳的话题时，对方会有明显的抗拒意味，如果能够做到察言观色，就能把握话题的分寸，知道什么时候该说什么话。

所以，要将说话的技巧与察言观色的能力结合在一起，才是时刻塑造“分寸感”的最佳方式。一个会说话的姑娘，一定是讲话有分寸的，这样才能塑造出完美的谈吐气质。

大学的时候我认识了一个女孩，她其实为人不错，很多人的评价都是善良又正直，但不知道为什么，这个姑娘的人缘却不是很好。后来我仔细了解了一下，才发现相处之中你会发现这个姑娘实在太不会讲话了。因为她不会说话，显得情商不够高，所以就没有别人那样圆融的交际能力，不熟悉的人很容易对她产生误会。

姑娘最大的特点就是喜欢反驳别人。大概是因为她一直都很聪明，性格又比较强势，所以习惯了坚持自己的想法，如果你的看法跟她稍有不同，她一定会反驳到你点头同意她的意见为止。哪怕她认同你的看法，往往也会先将你批驳一遍，再重新按照自己的方式阐述——不过你仔细琢磨一下，就会发现你们两个所说的内容是一样的。

这样的说话方式，我在很多缺乏情商但智商很高的人身上都见到过。因为对自己有足够的自信，所以他们说出的话都特别笃定，在批驳别人的时候，也显得振振有词，但他们没有想过，很多不关乎原则的讨论，其实并不一定要追求对错，大家甚至只是交流彼此的想法而已，你可以不赞同，但也应该尊重，尤其要注意自己说话的态度。

这姑娘在这个方面做得很不好，更多时候你会感觉跟她交流就像较劲。即便你一开始只是想分享一个有趣的事物给她，或者探讨一个有新意的想法，但到了她那里，最终都会变成一次“辩论”。

也许她习惯了在反驳别人的过程中，享受这种特立独行的感觉，习惯了在批驳别人的时候凸显自己与众不同的思维方式，但这样的说话习惯真的非常不好。哪怕是我们这些与她相处久了的朋友，知道她并没有什么恶意，也一样会因为她的说话习惯而产生不满。

这样一个姑娘，哪怕你知道她的心是好的，可一张嘴就会让你觉得不太舒服，你会愿意与她交往吗？至少我和她之间就逐渐变得疏远了，因为我发现每次跟她说完话之后，我的心情都不会太好，而她永远意识不到自己的错误。

直到有一次，她甚至得罪了一位新来的教授。当时院里专门安排了一次课前交流，就为了让同学们能够与这位好不容易请到我们学校任教的教授互相了解，抓住机会从老师那里学到一些东西。一开始大家的讨论都很热烈，直到我的这位同学站起来的时候，她一张嘴，全场都鸦雀无声了。

“你刚才说这里应该使用什么办法，但我看了一些文献，××方法才是最好的，你怎么知道你的方法就更合适呢？”姑娘说话的时候可能只是想阐述一个问题，但这冷冰冰的语气和质问的态度，仿佛就是在挑老师的刺一样。

教授听到这话之后也有点愣，大概没有想到，竟然还有这样怒气冲冲的学生。不过他还是面带笑容地回答了这个问题，可之后姑娘又追加了几个疑惑，每一次问都像是质问，教授脸上的笑容也有一点挂不住了。

最后教授没有说什么，他的涵养也不会让自己对我这位同学说不好的话。但是散会之后，坐在下面的很多同学都议论纷纷，觉得她丢了大家的脸，显得太狂傲无脑了。

可能她内心并不是这样想的，但因为她说出来的话太不得体，最终造成的结果就是这样。

一个有情商的人，首先应该会说话，如果你在说话上让别人觉得不舒服，让别人想要拒绝跟你继续谈话，那你的情商绝对不会太高。情商高的人应该会让所有与她交往的对象都觉得如沐春风，他们知道在对的场合说出正确的话，而不是永远滔滔不绝、不分对象。前者是一字千金，后者不过是多嘴多舌。

要把握好说话的分寸，知道什么时候该说什么话，恰到好处地掌握这个时机，其实也没有那么麻烦。你只要具备一点必要的情商和察言观色的能力，然后学会掌控自己话语的内容，这就足够了。

不过很遗憾，我们中的大多数很难成为说话滴水不漏的人，常常会在讲话上出现这样那样的错误，所以常常审视自己的讲话是否出现问题，其实是很重要的。

否则在别人眼中，说错话就可以与情商不高画上等号，随之产生的一系列影响你很可能是无力承担的。

小A凡事总喜欢争强好胜，遇到那些能够出头露脸的好事，她总是第一时间抢着去做，生怕被别人掩盖了光芒。急迫的人其实有很多，但有的人就比较会说话，所以可以圆融地掩盖自己的目的，大家虽然也心知肚明她的目的，但至少不会非常反感，而是在一定程度上能够理解。

但是小A不一样，她的急迫永远表现在脸上，说话的时候就忍不住带出了一点急于出头、捧高踩低的意味。

同样是在加班的时候，旁人可能正忙于工作，小A却会心机地发一条对上司和同事可见的朋友圈："加班到深夜，痛并快乐着，加油！"这样一来，该知道的人就都知道她在工作了，不会让她的积极表演错失观众。

小A还非常擅长在上司面前有意无意地给别人添堵，比如两人合作出的成果，小A就总是乐于向上司展示自己做的地方，忽略别人的工作部分，营造出一种"大部分工作都是我完成的"的氛围。如果别人恰好犯了什么不大不小的错误，她更是要以表面上关怀，实则故意点出的态度，当着上司的面说："哎呀，你怎么这么不小心呢？我不是提醒过你吗？"

这让很多人在背后痛骂小A太有心机。不过小A工作起来总是特别积极的，所以一开始这样的态度的确让上司非常满意，而小A又特别愿意在对方面前刷脸，所以上司就真的很器重她。但时间久了之后，同事们都对小A有些不满，上司就开始旁敲侧击地告诉她："工作更重要的是合作，维护好和同事们之间的关系也很重要。"

小A之所以会被同事们排挤，并不仅仅是因为她有意无意踩了别人，还因为她在其他时候说话也非常没有分寸，常常表现出急功近利、不负责任的态度。如果是工作中出了问题，只要她没有参与进去，就一定要先撇清自己："这事可跟我没关系，别赖我。"然而事实上，这个道理别人也都清楚，并没有人想要找小A的麻烦，她这样过于急不可耐的撇清，就立刻让人觉得过于自私了。

虽然结果都是一样的，但是小A说出的话就是让人听起来不舒服。而更多的时候，小A还习惯在别人面前用颐指气使的语气说话，虽然上司的确对她有些器重，但实际上大家还是平等的身份，谁又愿意听小A在旁边指指点点呢？一开始她还顾及着别人的资历，只是对实习生或者新人搞这种"欺压"，时间久了，甚至在言语上挑剔那些资历更深也非常有能力的同事，这就让很多人觉得她特别没有脑子，更不懂自己的位置。

她这样的说话方式，在更多人眼里看来就是口出狂言。到最后，办公室里的其他人都将小A孤立了，而她自己还没搞清楚到底是因为什么呢！

当局者迷，作为旁观者的你我却可以看得很清楚，小A的问题不仅存在，而且非常严重——说话的时候完全没有搞清楚自己的位置。

有情商的表述，应该是知道自己处于什么位置、什么角色，才能把握好说话的分寸。比如“王婆卖瓜”，自卖自夸显然比不上让买家夸，因为你的角色在这里摆着，作为卖家去夸奖自己的产品，可信度就是不那么高。所以，一句话从不同人的口中说出来，结果是不一样的。

小 A 分明不是领导者，也不是有能力指导别人的前辈，说话依旧很不客气，这就是对自己的身份没有明确的认识；言语中就透露出不负责任的态度，这是不清楚自己该说什么话。这样的人，说出的话必然会暴露自己的情商。

谁愿意跟没有情商的人交流呢？只怕连合作都要敬而远之，生怕对方无意识间得罪了别人吧！故而，我并不愿成为这样的人，也为了不成为这样的人而越来越注意自己的言行。

希望你也能早日修炼成一个会说话的人，你的情商一定会变得更高。

第六章

你总会成为自己想要的模样

仪式感会让你看到另一个世界

并非每个人的生活都是始终丰富多彩的，我们常常会有倦怠感。

对于我们这样平凡的大众来说，也许你会更加直观地感受到生活带来的倦怠感。比如步入职场以后，常常要日复一日地重复着差不多的工作，回家之后，便要面临柴米油盐酱醋茶这样乏味的问题，这往往会让人丧失生活的激情。这也就是为什么总有许多人在进入婚姻之后，常常会感到倦怠，甚至会步入七年之痒的原因了，归根结底是我们渴求新鲜感的心与贫乏的生活之间产生了难以解决的矛盾。

其实让生活变得丰富多彩一点，让自己更有生活的激情并不难，只要一点仪式感你就可以做到。一些人总是很难管理自己的生活，他们总是羡慕别人，永远都有满满的活力，永远都能够以最好的态度去面对生活中的所有事，就是因为他们缺乏一定的仪式感，所以他们对自己的生活缺乏重视，常常感到提不起精神来。

这时就需要一点仪式感，才能让你的生活变得更加丰富多彩，才能刺激你那颗空虚乏味的心，让它重新跳动起来。

在这之前，也许你需要了解一下什么才叫仪式感。

喝茶是一件很有仪式感的事，东亚茶文化的影响，让我们十分重视喝茶这件事，一个专门的喝茶场所往往充满着古风古韵。两个人相对而坐，桌上琳琅满目，全是独特的茶具，以特殊的手法去泡茶，在悠扬的音乐当中，品味茶香，品味茶味，你会发现原本简单的“喝茶”行为，立刻变得具有仪式感起来。它让你觉得自己必须要专心对待这件事，必须要将这件事做好，才配得上这样好的气氛。所以在专门的茶馆里面喝茶，你往往会觉得茶更香，往往会觉得自己的精神得到了更深的抚慰。

在古时候读书也是一件很有仪式感的事，对待自己喜欢的书，在读之前，往往需要焚香净手，经过这番仪式之后，再展开书页，你仿佛都能够闻到一股独特的香气，立刻就能够体会到知识的可贵，也就更能专心致志于读书这件事中了。

日本大概是将仪式感发挥到淋漓尽致的国家，做什么事都有自己的“道”。从茶道、香道、花道……一些原本流传自中国的美好东西，却被日本人珍而重之地发扬出去，其间一个很大的原因就是，我们将其当作一种享受、一件小事，他们当作一种“道”来认真做。

在日本住宿的时候，虽然宾馆的设施已经有年头了，但是看起来非常、非常干净。他们一定会给你准备两双鞋子，一双放在门口的台阶上，一双放在盥洗室里面。明明屋子并不大，但一间干湿分离的盥洗室要分成“两室一厅”，左边打开门是单独的卫浴，右边则是独立的马桶，中间的“厅”安置洗手池。

马桶很有意思，国人所执着的马桶盖并非没有原因，它有自动恒温的效果，冬天的时候，如果你总是担心冰凉的马桶让你瞬间清醒，那么坐在这样温暖的马桶盖上，就是一次温柔的享受。

我研究了半天，发现他们的马桶竟然还有“音姬”的选择。这一点很多人都没有提过，并非是按下之后可以给你播放音乐，而是会出现大大的流水声，这样冲水或者如厕的声音就不会被人听到。

别人或许不会在乎，但我想，内心住着小仙女的姑娘们一定非常赞赏这样的设计——终于可以维持自己“仙女才不会上厕所”的体面了！至少我在公厕中，就发现不少人都会用到这个看似无用的东西。

上一次厕所，都有这么多细致的流程。我感受到的除了认真生活之外，就是浓浓的仪式感。

当你在做了这些行为之后，内心一定会感受到更大的满足，至少也会惊叹一声：“真是会享受。”这样的享受，很多其实并不是必要的，但就因为仪式感的存在，让你非常期待和喜爱。

正是因为在所有的细节上都讲究仪式感和体验感，所以日本人总是发明一些看似无用的无厘头产品，但饱含着他们对于“活得更好”的期待。有这样的期待，再大的压力都不会将你压垮，因为你每一天都那么认真。

就连上厕所的时候，都还记得维持自己的体面，还有什么能阻挡你过得更好的希望呢？

我很喜欢公司里的一个女职员，她叫小兰。大多数时候你看到这个人，都不会觉得她有什么特殊之处，因为这个姑娘实在是太平

凡了。平凡的长相与气质，不高不低的职位，性格又显得温柔内向，怎么也不像是一个能令别人另眼相待的姑娘。

然而事实上，只有与她相处过之后，你才会发现这个女孩真的拥有不一样的魅力。当你体会她的生活时，你会发现，任何一件平凡的小事，到了她的手中都会焕发出光彩。你很容易发现她是在认真生活，而其他人充其量只能算是活着。

小兰的职位并不高，所以和别人共同分享一间办公室。但即便是如此，狭小的办公桌也被她打理得整整齐齐，她的东西不像别人一样随便乱放，书籍和资料用不同的夹子分门别类，以彩色标签做好标记摆在它们应该在的位置；桌子的一角放着一盆精心饲养的绿色植物，看那清脆水嫩的颜色，你就明白它被人照顾得很好，绝对不是心血来潮买来装点的玩意儿。

哪怕是工作最忙碌的时候，小兰也会记得抽出一点时间来打理属于自己的区域，将一切都收拾得整齐洁净。有一次我意外坐到了属于她的位置上，突然感觉仿佛天都明亮了一些，空气都比别的地方更新鲜，从此我就开始关注她。

一个认真生活的姑娘，能够将这种认真轻而易举地传递给别人。就像我在她的办公桌前游荡了一圈，就被她的态度所打动了。

更不要说生活在这样环境下的她自己——她肯定比别人更容易在平凡的小事当中感到快乐，一定是一个将生活的每分每秒都利用到极致、无时无刻不在享受人生的人。

“我想，网络上所说的精致 girl，一定就是指的你这种人。”

“并不是一定要精致，我只是想让平凡的生活多一点仪式感，这样才会有更多的乐趣。”小兰说，“有时候仪式感能够让我感到惊喜，再枯燥乏味的事情，多了仪式感，我都会觉得做起来更有动力一些。”

小兰的生命里，这样充满惊喜的仪式无处不在。在每天下班回家的时候，她都会在小区旁转角处的小花店买上一束鲜花。小兰并不追求花的种类与价格，如果能够遇到打折促销，她更是从不拒绝的。她并非执着于爱哪一种花，只是享受买花之后，将它装点在自己家中的这个过程。当小兰将花摆放在餐桌的花瓶上时，就深刻体会到了一种感觉——

也许你的房子是租来的，但你的生活是自己的。

而每天上班之后，她都会为自己沏一杯咖啡来开启一天的工作。久而久之，咖啡成了工作前的一种必备仪式，仿佛变身成唤醒她工作细胞的闹钟，只要闻到咖啡的香味，小兰的精神就能立刻清醒过来，快速投入到工作当中去。因为这个仪式感已经深深影响了她。

小兰的经历让我学到了很多，有一种恍然大悟的感觉。之前我就很喜欢在完成工作的下午，听着音乐泡澡，敷一个面膜之后读一本新书。整个过程一步都不可缺少，而在这个过程中，我所感受到的放松是比任何形式都更明显的。

原来在我的心里，这都已经成为放松身心的仪式。这是因为工作结束之后的这些活动具备仪式感，所以在我眼中才格外不同。

一个具有仪式感的小事，可以让平凡的时间立刻变得精彩起来，可以让原本无精打采的你立刻饱含期待。学会在仪式当中享受生活，我相信你也能活得更精致。

四

小兰给了我一些启发，于是后来我建议，将我们部门的周会挪到咖啡馆，而非会议室来进行。

选择一个阳光充足的午后，一行人背着电脑去附近的咖啡馆，在安静的二楼上听着轻音乐，品尝咖啡与甜点，然后热烈地讨论彼此的工作，这样相比于在冷冰冰的会议室中紧张的讨论，会显得更令人放松。咖啡厅是一个多么特别的地方，甜点的香味能让人的心情立刻好起来，而周围恰到好处的烟火气，让这个环境充满了人情味和最美好的气氛，在此时讨论工作也显得不那么紧张了。

至少我的同事告诉我，原本特别容易拘谨的他，在这样的环境下思维更活跃。以前在会议中，他是很少开口讨论的，因为生怕说错了什么，就会被上司批评。但是这样一个混淆了下班与上班界限的环境，让他暴露了一些私底下的跳脱，反而点子频出。

也许就是一些微不足道的小事，改变了我们的心情，让我们用一种新的眼光去看待生活，看待工作了吧！

你看，仪式感就是这样，潜移默化而又影响深远，也许只是一些微不足道的小事，一个小的习惯，但是就能对我们产生着如此深刻的影响。不仅仅是工作，我们的生活也需要一些仪式感，就像两个人的爱情，需要时不时地玫瑰鲜花与小礼物来烘托气氛，这就是爱的仪式，会让你更加直观而深刻地感受到这份感情。也许你的生活不是枯燥，也不是乏味，只是缺乏了一点仪式感，去唤醒你的情绪而已。

别总强调失败，就算的确如此

一

“在哪里跌倒，就在哪里躺着。”“努力不一定成功，但不努力一定很舒服。”……跟过去人人都要戴着积极的面具、说着言不由衷的话来鼓励自己相比，现在的每个年轻人都乐于展现自己的颓丧。

我知道这是必然的。丧文化与其说是一种负面的精神毒瘤，不如说是我们在现实的压力之下，对无法到达的精神乌托邦的一种报复性反驳。想要成功，你总是要我努力，可是我已经很努力了，为什么你说的成功还没来呢？

既然这样，还不如不努力，躺下，我觉得更舒服。

我有时候也会开玩笑，用自己的“丧”来给自己减压，调侃那些生活中不能回避的问题。但更多的时候，我会克制这样的情绪，因为丧文化的过分渲染，对自己、对别人都不是一件好事。

明明你还没有失败，明明你做得挺好，为什么要夸张地说自己有多么“废”、多么“丧”？明明你的运气已经比大多数人都好，只是遇到了一点小问题，为什么就怨天尤人地说自己“水逆”？

那些有空在社交圈抱怨自己颓丧的人，其实应该心知肚明，自己并不算走入困境。因为真正在困境中挣扎的人，根本没有心情去找别人分享这种感觉。

而你的情绪低谷，别人未必想听。我的生活已经有点丧了，为什么还要把你的不安和不忿传达给我？快乐分给别人，会让人得到两份同等的快乐；你的丧气分给别人，会让你们每人得到双倍的颓丧。

既然如此，还不如不要想、不要提。偶尔开开玩笑也就罢了，真正失败的时候，不要把它总是挂在嘴边。

说得时间长了，有时候就会变成真的。

敏敏是个有些糊涂的姑娘，生活中常常丢三落四，就算是在工作上，也因为自己偶尔的糊涂导致了一些问题。

这样的小事发生过很多次，比如上个月，经理让敏敏负责去签订购买合同，再三嘱咐敏敏，在签合同时一定要注意不同的报销方式和税费之间的关系，务必选择税费最低的一种。

原来公司有两种报销方式：一种是购买机器的时候走总公司的账目，这样可以由公司来申报免税通道，最终算下来的支出金额就会比较低，但时间会比较长；还有一种则是走部门的单独账目，公司财务报销的时候就不会办理免税，速度能够快很多，相对而言支出的金额要高出 20%左右。

一般来讲，购买需求比较着急的机器，她们就会选择走单独账目，但这一次部门对机器的需求显然不是紧急，所以经理才要求敏敏注意合同情况，避免出现问题。

敏敏满口答应了，但是在签订合同的时候，却完全将经理的叮嘱忘在了脑后，只记得自己之前签合同的时是需要加税费的。所以听到对面的销售表示，正常购买的流程基本都要签订加税合同，她就毫不犹豫点头答应了。

等合同拿到手需要去报销的时候，呈递给经理一看，经理就怒了：“都跟你说过好几遍了，为什么你还是不仔细看清楚？”

“您看我这个脑子，又犯糊涂了……”敏敏又愧疚又难受，憋了半天，说了这样一句话。

听到敏敏的回复，经理竟然不知道该说什么好，只是恨铁不成钢地点了点她。

这已经不是敏敏第一次这样说了，事实上，现在只要她犯了错误，就会将这句话搬出来用。以前听起来是敏敏表达愧疚和后悔，现在听多了，却透露出这样一个意思——

反正我就是这样一个糊涂的人，你又不是不知道。

与其说这句话是反悔，倒不如说成了敏敏为自己开脱的理由，“破罐子破摔”大概就是她歉意的话语之下隐藏着的真实想法。

其实最开始的时候，敏敏并不是这样的。第一次因为自己的马虎搞砸了事情，敏敏真的非常后悔，认真反思了很久，想要努力改进。而当她第二次因为自己的笨拙和糊涂犯了错时，她就开始忍不住承认一个现实——改也改不好，看来自己就是这样的人。

这让她沉溺于这种颓丧的心情当中，陷入一个恶性循环，失去了所有对自己的期待和渴盼。下一次再犯错的时候，她竟然会因为“谁让我本来就糊涂”这样的理由而松一口气。

反正我是有理由的失败，既然早就知道了，还难受什么呢？

“我就是这样”“没办法的，改不了”“交给我一定做不到”这样的话，一次次重复多了，就从自我反省变成了为自己的失败开脱，更变成了一种认命。明明可以做到更好，明明不必陷入这样的状态里，但你已经习惯将失败挂在嘴边了，所以失败就成了你的常态。

颓丧，真的不是开玩笑的。这样的玩笑开多了，你就会变得越来越低落。

精神的鸡汤再不好喝，也比毒药鸦片对身体好，沉浸在“丧文化”的刺激当中，一次两次还算是逗趣，时间久了，你就分不清到底自己是真的“失败”，还是开玩笑的“失败”了。

人最怕的，不是失败一次两次，而是认定自己的“失败”。这是意识上给自己套上了枷锁，比任何一次现实的打击影响都更加深重。

“别把这个项目交给我，我完不成的。”每次听到朋友这样跟我说，我都想要认真给她两巴掌，你还没有做过，怎么知道自己完不成?

“不可能的，你看我说过多少次了，我在这方面就没有能力，一定做不好这件事。”朋友还是推诿，就是不肯尝试。

我知道她的意思。其实她并没有做过很多次类似的项目，只是刚开始接触这部分工作的时候，就一连遇到了两次。作为新人的她因为没有经验、缺乏了解，所以每一次都做得不太好。

当时就给她的老板留下了很深的印象，不仅先后几次在会议上不点名地批评，一直到现在给他们开会的时候，还是会偶尔点一点朋友。

其实，朋友早就连更难的项目都能胜任，但是上司的既定印象不容易改变，朋友也只能沉默不语。

时间久了，大概是总有人在她耳边提起这些失败的经历，她就越来越谨慎地不愿尝试类似的项目。她好像也相信了，自己一定不能胜任这些事，何必再自讨苦吃呢？

我知道她明明可以的，就通过各种方式请求她帮我的忙，而实际上我自己也可以做，只是想逼她尝试一次。朋友大概也知道我的意思，加上自己心里有些不服输和倔强，就重燃了再尝试的勇气，这才又开启了类似的项目。

知道这件事之后，其他人还开玩笑地说朋友“勇气可嘉”，朋友也咬牙坚持住了，并没有放弃。事实上真正上手了项目，她就知道一切都很容易。

她早就不是当年的她了，只是被“失败”的既定印象笼罩太久，提了太多次，也就当成了真的。至少这次，她完美完成了项目，而她的上司、同事也都知道了。从此，再也没有人提过过去的失败。

你看，当身边有人这样说的时候，你的自信都会遭受巨大的打击，更何况自己总是提起呢？不要以为你是一种无伤大雅的自嘲，哪怕此刻你是口是心非地贬低自己，次数多了，你也会逐渐怀疑自己。

越是失败过，你就越要少颓丧，多去肯定自己才是最重要的。不要觉得这样的方式老土又无趣，表达个性不应该建立在你的牺牲上，所以不要以“丧”为有趣，还是远离它比较好。

给自己一个目标，你才能到达彼岸

快过年的时候，我看到一条新闻：

“年底冲业绩，一公交车上混进十二个小偷。”

说实话，当看到这条新闻的时候，我和大多数人一样都忍不住笑出声来。看看这年头，谁还没有个梦想呀，就连小偷都知道，在年底的时候开个总结大会，冲一冲业绩好过年呢！

转头再看看我们自己，今年手里拿了多少年终奖？是不是一到年底就犯懒，在重重压力之下反而更不勤快了？长点心吧，连小偷都比你们有上进心了。

开完玩笑之后，回味过来，我却发现其中一个很有意思的地方——设立一个年终目标是多么的重要呀，就连小偷都会为了完成这个目标而铤而走险。可见目标的存在就是为了让我们尽最大的可能去努力的保证。

不开玩笑，有一个目标真的很重要。当然，前提是你确实将这个目标放在了心里，的确认真想要去完成它，而不仅仅是说了就算。一个认真设立的目标，会冲散你现阶段所有迷茫，让你知道自己每天应该做什么，向着哪个方向去努力。

目标就像你在重重夜幕当中提着的 盏风灯，即便周围再黑暗，手中微弱的光也能照亮你前途的路，一个人如果没有目标，如同在黑夜中摸索，既容易走错路，又容易产生倦怠之感，效率也不会高。

你也有理想的生活状态吗？设立一个目标，也许你会更快地走到这个理想的彼岸。

有一个目标的时候，生活中的一切变得有秩序起来，“自律感”会时刻萦绕在我们的身边。

“达成目标获得的满足，比任何事都让我感到上瘾。”一个朋友小 U 曾经这样告诉我。对她来讲，“买买买”这样每个女人都喜欢的事情，甚至都比不上完成一个目标带来的喜悦感。

她享受于将生活中的很多事情都设立目标，然后抛弃所有努力之外的想法，专心致志去做一件事——完成它。生活好像因为她的目标，都变得简单清晰起来。

为什么她会特别依赖目标呢？因为很多年以前，小 U 这个身材苗条的好姑娘，曾经是一个不折不扣的胖子。瘦下来的过程艰辛到让人想要流泪，全靠有个目标支撑，否则这个世界上，只会多一个胖姑娘，少一个让你能怀疑人生的励志女神。

“明明应该是最美的年纪，可是我的生活似乎跟美没有关系。”她描述曾经自己的想法，“身边的人都陷入了恋情，但是没有人跟我表白。就连我特别喜欢的男孩，也暗示我他更喜欢瘦一点的姑娘。”

小 U 在宿舍痛定思痛地想了很久，终于决定将身上这层多年精心喂养的肥肉减掉。她还给自己设定了一个目标——一年瘦 20 斤！

减去 20 斤，他应该会喜欢我了吧？小 U 心中的想法一开始是很简单的。

减肥的日子不好过，身边还没有一个胖子真正能减下来。最开始的时候，小 U 在健身房挥汗如雨，回到宿舍体重也不会变动一点。

她有点沮丧，身边的人也常常轻飘飘地劝她："别减了，多辛苦啊。""你可能是遗传或者激素导致的胖，不好减肥的。""胖子就是不好瘦，你看 ×× 都减了三年了。"……

意志不坚定的人，大概早就动摇了。小 U 也这样想过，但是每次动摇的时候，内心都会有一点不甘，因为她还没有达到自己的目标，还没有得到获得那个人青睐的机会啊！

这样一想，她就不肯放弃了。不就是辛苦一点吗？她可以坚持！

每天在健身房至少跑步半小时、器械锻炼或瑜伽半小时，这是小 U 的生活常态。最开始她是很难匀速跑满半小时的，但她一定会或快或慢地在跑步机上走路或小跑，就是为了一定要达成这个目标。锻炼了一段时间之后，小 U 就很容易跑满半小时乃至更久了。

而身边的很多人明明锻炼的时间更长，还是做不到这一点。我想，就是她对目标的坚持让自己变得无比坚韧，才能比别人跑得更好吧！

习惯之后，坚持努力、完成目标似乎也成了一种习惯，而过程则被身体记忆，变得更加享受。运动不再是一件让人觉得辛苦难熬的事情，小 U 每天都享受这难得的休憩时间。

她最后达成了目标，但结果和自己想的不太一样。小 U 瘦了 20 斤，那个男孩没有因此喜欢她，可她也一样已经不再喜欢那个男孩了。她发现世界上的好男人真的很多，而现在的她也开始被别人喜欢与爱慕。

“为什么不喜欢他了？”

“想到我付出了那么多，如果只是为了喜欢他或者让他喜欢我，是不是太卑微了？他也太不劳而获了吧！”小U开玩笑地说。

我想，大概是她在变化当中不断认识到那个更好的自己，才发觉她值得更好的人去爱吧！

做一个自律的人，每天完成你的小目标，你也会很快变得更好。因为我们生活中大多数的遗憾，都来自无法完成的期望、无法按想法去做的意外，如果真的能够对自己有所约束，每一次都达成目标，那些遗憾一定会少许多许多。

而一个目标的存在，对每个人而言都很重要。

面对未来的人生，我们有时也会迷茫。该怎么做，该做什么，未来想要成为一个什么样的人？因为没有目标，没有对人生的规划，所以没有动力，日子过得随性又散漫。

有人说，每天叫醒我的不是闹钟，而是梦想。这就是计划与目标的力量。因为目标明确，因为对自己的人生有详细的计划，所以他们知道自己要的是什么，知道自己每一天要做的是什么。

有些人从未规划过自己的人生，永远是顺其自然，随遇而安。每天看似忙忙碌碌，却从未有为自己忙碌，为目标忙碌。若是被人问起，竟答不上来自己为何而忙，做出了什么成绩。

勤劳、汗水确实是实现梦想所必须的条件，但梦想需要的努力还包括实现过程中的方式方法和效率。成功是有时效性的，做事拖延永远不可能成功。如果没有长久的目标，就没有好的方法，自然也没有效率，梦想也就无从谈起了。

去年回家的时候，听亲戚们说起一个小表妹的近况。

“这孩子现在成绩下来了，整天就知道胡思乱想做白日梦，说什么以后要去当明星？”亲戚说，“嗨，还不是追星给闹的。”

小表妹有了喜欢的偶像，每天沉浸在小女生的畅想当中，只想将来也去做一个明星。她长得也不丑，身高腿长还有小男孩喜欢，加上一点点自信，就觉得足够当一个明星了。

“你知道做明星要先做什么吗？”我问她。

“要长得好看？”

“要先考上电影学院呀！听说你想去北京，那喜欢中戏、中传还是北影？”

小表妹思考了一下，特积极地跟我说自己喜欢的明星在中戏，自己也要去中戏。

中戏好啊，我立刻想起了自己朋友的例子，告诉她，就连中考状元高考的时候要去，还差点被刷下来了，对她这样才艺一般的姑娘来说，考一个高高的成绩很有必要。当然，艺术课分数也不能低，要从现在就开始学起来了。

小表妹听到我的话，不仅没有因为我劝她去学习而感到厌倦，反而兴致勃勃地说:“姐姐，你是第一个没有笑话我还支持我的人。”

“因为如果你真的有这个目标，实现它不难，它甚至连奇迹都算不上。”而有的人连奇迹都可以揽在怀里，这样的小理想又算什么呢？她还年轻，大好时光尚在未来。

目标让她的妄言诳语从理想转化为现实，至少现在据我所知，小表妹的成绩进步了很多，一心要考当地最好的高中，也重拾了自己以前的舞蹈课。忙碌的生活没有让她喊累，因为她常常骄傲地说："我是要考中戏的人呀！"

如果没有这个想法，或许她一辈子都成为不了明星，也只会离年少时的理想越来越远，直到多年以后嘲笑自己的自不量力，对一切梦想嗤之以鼻。但现在，她也许真的有机会实现，即便最后当不了明星，说不定也能进入这个行业，靠近她曾经想要靠近的人。

这就足够了。一个目标，便让她的生活就此改变。

不要做思想上的胖子，行动中的瘦子

一

我最怕的，就是自己做了思想上的胖子，行动中的瘦子。

翻译一下，就是想法特别多，但真正能做的事情特别少。空有想象力，但缺乏行动力，实在是一种灾难。

我想，作为一个天天跟文字打交道的人，我的想法大概不会太匮乏。如果有一天什么都想不到、思维完全停滞，大约人生也就毫无希望了。但我这样的人，特别容易出现“想得特别多、做得特别少”的情况。

说难听点，就是“光说不练假把式”，时间久了不仅磋磨自己的心智，更容易让别人瞧不上。一个只是在口中描绘锦绣蓝图的人，是没有资格获取别人信任的。

就像人家辛辛苦苦攒钱买了套房子，出于对开发商的信任和对他们概念图的期待，才把半辈子赚的钱都交给了对方。最后交房的时候才发现，概念图里的景观湖变成了小水池，天鹅变成了水鸭子，花园洋房变成了鸽子笼，这失望就大了。到时候，开发商铁定也要倒霉一阵子，口碑就此下滑。

就连横着走的房产商，尚且要面临“想法跟实际不符”导致的问题，作为普通人的你我也要谨慎警惕。有想法可以，千万不要有想法却不去做、做不到，那你还不如不要去想。

空想多容易呀，我还想说现在的一些互联网模式我也想到过呢！可这样，能让我成为马云、马化腾吗？不能。只是想，点子永远就是点子而已，而有点子的人比你想象中多多了。

真正愿意去实现这些想法的人，也比你想象中少多了。

小吴是一个特别有想法的人，而她自己也非常明白这一点。

她的想法是创新性的，有时小吴经常在市场有动向之前就能嗅到风口，而之后事态的发展也如她所想，往往是在不断验证她的想法。公司里有些人对小吴的这种“技能”十分佩服，经常认真地劝她以后尝试一下创业，一定会比别人走得更远，获得更大的成就。

不管这些话是源于真正的肯定，还是表面上的客气，小吴自己反正是十分认可的。她不止一次在公共场合对我们说过，真要是工作不顺她就去创业实现梦想。

什么梦想？当然是将她的创意变现，成为亿万富翁的梦想了。

其实当小吴这样说的时候，我就感觉有些不对。你既然有这样的想法，如果真想要实现的话，又何必等到工作不顺利的那一天。一个真正的成功者，绝对不像小吴这样永远有想法，却永远在等待以后。我相信就算有工作不顺的那一天，她也未必会第一时间选择去创业，因为现在的她没有做这样的选择，未来也未必会有背水一战的勇气。

她就是典型的想得太多，但做得太少。这样会造成的最严重影响，就是永远对自己高看一眼，以为自己能做到的更多，事实上却并非如此。

小吴也是这样。大约是周围人的赞赏让她变得飘飘然，她总觉得自己的未来不止于此，想法丰富的自己一定可以走上更高的台阶，又怎么会与周围这些平凡人长期处在同一个平台呢？自得于自己的眼界和见识，让小吴经常用指点江山的态度对待身边的同事，时间久了，这种莫名其妙的高高在上，就引起了大家的反感。

“有什么好得意的？就算想得太多，还不是只打嘴炮。”这样类似的议论在私下经常出现。

事实上，许多同事虽然嘴上不说，但想法未必就比小吴少。只是她们清楚一点，自己虽然有这样的想法却实现不了，所以，才干脆没有说出口。还有的人不声不响就将事情做了，在这之前，你看不到一点预兆，也想象不到，原来她是一个这样有才华、有思想的人。

比如小吴的某位同事，就选择了突然辞职去做动画。所有人对她都不看好，觉得这样一个外行人去做动画产业，以后一定会吃亏的。却没想到这位同事有一手好画功，十几年痴迷于此就算是业余爱好也堪比专业人士。加上她的故事天马行空，第一次制作出来的短片动画就在业内获得了不错的奖项，被知名工作室招揽走了。

而在这之前，大家对她的爱好只是略有耳闻，甚至都没有听她说过自己想要去画画的梦想。但没有说并不代表她做不到，人家最终还是说走就走，出乎所有人的意料，却又在意料之中。

“她就是这么一个人，果断干脆，从来不拖泥带水。所以有了转行的想法，才会立刻去做！”

在别人已经立足于新的产业，向梦想前进的时候，小吴还是在她熟悉的工位前，向周围人兴致勃勃地说起自己前几天的新点子。如此看来，实在是高下立判了。

一个如小吴一般缺乏执行力的人，就算有无数的想法，最终也无法实现。在这样的前提下，有想法反而变成了一种悲哀，倒不如心中无所想，满足于现状更好。至少这样不会让你感到不平衡，不会让你觉得自己怀才不遇。如果你的想法太多却无法实现，就会经常像小吴一样，沉浸在对自己的高估之中。然而你以为的怀才不遇，不过是一种对自己的误解罢了。

所以有了想法就一定要去实现，有什么计划就一定要去做。只有你真正做到了，才有资格放心，否则未来的一切都可能是未知。

前不久，小 M 刚联系到一个客户，准备签下一笔大单子。客户表示："你什么时候有空呢？我今天下午就可以签约，或者等到下个月 1 日。"

虽然客户给了小 M 两个选择，但大多数搞业务的人都清楚，大家当然会选择靠前的那个日期——只要不把合同签下来，就很有可能出现变动，拖得越久越容易出问题。小 M 虽然也这么想，但是她一想到自己下午还要开会，两边跑实在太累了，心里那点犹豫就浮了出来，最后跟客户说："那就下个月 1 日吧，我正好再准备一下合同，绝对不出一点问题。"

表面上是她想有更多时间提供一个更稳妥的方案，但小 M 自己清楚，这不过是拖延的一种借口罢了，归根结底还是她在做决定的时候倾向于更晚一点执行。最终，她的考虑让自己丢掉了这个唾手可得的大单子，因为客户在等待的过程中又被其他公司的人劝服了，最终跟别人签了合约。

不论是出于什么原因，小 M 最终还是没有将原本到手的单子签下来，不就是因为缺乏足够的行动力吗？明明想到了，却还是不愿意去做，这就是后果。

没有行动力，无法将想法变现，就没有任何遇到伯乐的可能。即便你身负才华，最终也不过是愤懑一生。

活着就是要不断折腾

有些时候，我很喜欢关注名人的八卦，并从当中体会到一些人生百味。

比如前段时间，关于邓文迪寻找了新男友的新闻沸沸扬扬。看着已经 50 多岁的邓文迪，挽着年轻又有才华的钢琴家，笑得一脸张扬幸福，很多人大概都会有一些不解，更有一些羡慕——

“凭什么这个长相一般的女人，能够做到这种程度？”

有人开玩笑说，如果现在哪个人的自传是最令人期待的，邓文迪的自传一定可以算作其中之一。传媒大亨默多克的前妻，美国总统之女伊万卡的密友，一个游走于上流社会游刃有余的女人。当你以为她在离婚之后，会被踢出上流社会的时候，她用自己的实力证明邓文迪不仅仅是默多克的前妻。当你觉得她离开了默多克，不一定能找到下一个眼瞎的富豪时，她还是用自己的魅力向你证明，人家不仅可以找到一样优秀有才华的男人，而且更年轻帅气。

邓文迪的撩汉技术，恐怕有无数姑娘都在等待探究。

其实我倒觉得邓文迪未必是一个复杂的人，想像她一样活得那么肆意不难，你只要学会“活着就是折腾”就够了。

别把生活过成一潭死水，哪里让你不满，哪里让你对现状感到不安，你就折腾哪里。不要怕别人的议论，也不要怕安稳被打破，活着就应该不断折腾，将“活过”这个词演绎得生机勃勃。

这样的女人，哪怕如同邓文迪一样野心四溢，你也说不了她一句错。因为这样认真生活的人，值得生活用幸运来对待。

太多传统的思想，将有野心、有魄力去改变生活的女人看作“不安于室”，即便如今，一个在生活中不断折腾的人也未必会赢得别人的好评。当然，这一切的前提是他还未曾成功。而他成功的时候，过去一切的诋毁都会变成赞誉，因为那些与当事人无关的人大多只看结果，从不重视过程。

“所以不管你怎么做，只要活得更好就可以了。”朋友这样告诉我，“一个有野心的人，如果活得更好，野心就可以被诠释成志向高远。一个甘于平凡的人，就算再善良可靠，只要活得比别人差，就总有人能贬低你。”

朋友用自己的亲身经历证实了这一点。

以前她是一个甘于平凡和安稳的女人，早早听从父母的话结婚生子，拥有一份还算稳定的工作。儿子两岁的时候，她突然发现自己的天要塌了——丈夫出轨了。

有时候她觉得很可笑，很多男人希望自己的妻子是贤妻良母，却又觉得这样的女人太过乏味没有挑战；可如果你热爱将自己收拾得光鲜亮丽，忙于工作而无暇顾及家庭，男人们又要有话说了。

“女人在她们眼里是超人吗？当我的丈夫，把我的贤惠和付出看作理所当然，甚至对这些各种挑剔的时候，我就觉得没有理由为这样的男人委屈自己。”朋友说。

明明已经做得很好了，连周围的亲戚都在称赞她，可丈夫却觉得还不够。归根究底，不过是因为觉得朋友善良可欺罢了。

所以她离婚了，她的这个决定做得坚决而不肯回头，无论谁来劝慰也没有用。索性朋友的父母站在了她身边，愿意替她照顾孩子，让她专心投入到离婚的这场战斗中。

丈夫看她好像是认真的，立刻着急起来。也是，像朋友这样任劳任怨的保姆，他又能去哪里再找一个呢？这个男人终于低三下四地来求她，各种保证各种痛悔，但朋友都没有看在眼里。

“他都知道错了，你就别折腾了。”“把家都折腾散了，有什么用呢？”……你以为这样的话不会出现吗？事实上当男人稍稍低头的时候，周围人就觉得朋友也应该“算了”，好像这样就足以弥补她受过的伤害和委屈。

原来在婚姻里为自己争取利益，有时候会被别人看作折腾。既然如此，折腾又如何？

如果说不折腾，换来的是委曲求全，那还不如通过折腾获得一个挺着腰杆大声说话的人生。

朋友终于醒悟了。别人的苦劝没用，她最终还是顺利离婚。离婚之后，她做的下一个惊世骇俗的决定，就是从自己从业多年的岗位上离职，下海创业。

“我早就想开一家咖啡馆，可以撸猫又可以做甜点。”她说，“你知道的，我做点心的手艺一向很好，很多人都劝我开一家店。”

当时她每一次的回复都是“太折腾了”，开店也许是想过的，但一想到这过程当中要面临的种种挑战，对生活的巨大影响，安稳的心态就还是占了上风。

但现在一切已经足够坏了，为什么还要沉溺于过去的生活状态呢？与其在过千篇一律的乏味生活，然后被生活所击垮，倒不如主动出击。哪怕折腾的结果是失败，那也是自己选择的，而不需要被动承受。

不过朋友的甜点手艺真的很好，所以咖啡馆很快就建立起来，生意做得越来越大。她的儿子也渐渐长大，成了一个有责任感的男孩，体贴母亲又独立懂事。

而朋友也迎来了自己新一段的感情。她每天的生活都丰富多彩，不再囿于家庭和平凡的工作中，而是忙着扩展自己的生意、和孩子一起培养兴趣、打扮好跟男朋友约会……看到她过得更好了，曾经的那些不理解和阻拦，也就渐渐消失，人们反而夸赞起朋友是个有能力的女人。

你看，折腾的结果未必不好，只不过因为多少具有挑战性，所以人们不敢尝试，也劝你不要去尝试。然而生命如此短暂，如果你不努力将每一天都活得多姿多彩，而是选择向平淡低头，岂不是太容易留下遗憾了？

自来都是会哭的孩子有奶吃，会折腾的人，才能将生活中的所有委屈都发泄出来、击退回去。如果你选择做一个逆来顺受的人，选择做一个对安稳的生活念念不忘、竭力去维持的人，就会发现自己的快乐会少很多。因为你过于注重手中已经有的东西，想要将它们攥紧，殊不知这些就如同沙子一样，攥得越紧，流失越快。而你只盯着眼前，也就忽略了身边还有更值得去获取的东西，还有更多值得你去追求的目标。

一个能折腾的人，其实就是永远不盯着手中已有的，而是去看自己还没有的。是，就是“吃着碗里的，看着锅里的”，但这又有什么错呢？只有早早盯着锅里还有什么，才能快人一步的比别人更早吃上好东西，所以这结果并不会坏。至于别人怎么说？就让他们说去吧，难道他们的话语还会对你有什么影响吗？

当你在乎别人的话时，语言就是这世上最杀人于无形的刀，能将你的精神片片摧毁；当你堵住耳朵，只专注于自身时，语言就是这个世界上最轻飘飘而无所谓的空气，甚至连一点颜色都不能为你染上。

别在乎别人的想法，做一个勇于顶着别人的诋毁而努力折腾的人吧！你会发现你的生活将越来越好，而别人的诋毁被你远远地甩在背后，再也听不到了。

你应该有一点满足感

一

满足感，是一个常常为人所忽略，却十分重要的感受。对于挣扎在生活线上的人来说，我们经常无力去顾及自己是否有满足感，毕竟需要我们耗费精神的其他事，实在是太多，太多了，满足感这东西既不能够让人饱腹，也不能给我们带来钱财，所以我们已经无力再去顾及它。

然而满足感却是我们的精神，最需要也是最不可或缺的一种感受。成功会让你有满足感，做自己喜欢的事情，会让你有满足感，当你产生满足感时，内心会有一种无以言喻的快乐，你会发现你所从事的工作是让你感到幸福的，你会用更加积极的态度和十二分的投入去做这件事，不就是因为你有满足感吗?

就像在寒冷的冬夜里，如果你能有一杯热咖啡捧在手中，在氤氲的咖啡香气中感受温暖，你就会有满足感。这种满足感是雪中送炭，是锦上添花，是永远能让人感到快乐的。所以我们不应该忽略满足感，在做任何事的时候，都应该问一问自己，你有满足感吗?

很多人都做着让自己没有满足感的工作，或者在生活中无法得到令自己满足的需求。这种对满足感的缺乏，只会让人越来越沮丧，越来越没有动力。你会发现你的工作越来越乏味，你不能从工作当中感受到自己的价值，也不能因为工作的成功而感受到快乐；你会发现生活越来越枯燥，身边的人似乎总是不能懂你，你很难从日常的娱乐当中获得满足。

当你照顾不到自己的满足感时，空虚是最大的感受。因为空虚也将会衍生出种种负面的情绪，让自己感到痛苦难当。可怕的是，我们因为缺乏满足感而产生的种种烦躁，往往自己是找不到原因的。所以我们只会陷入这个旋涡当中，继续厌弃倦怠，无法自拔。

此时你就应该意识到自己现在并不满足，不满足于现状，也不满足于这个现状可见的未来。这时候就是你需要改变的时候了。

林经理一直都觉得，自己在职场上绝对算是一个风风火火、不拖泥带水的果断人，甚至在重要决定前的犹豫时间都不会超过半小时，拖延这样的问题更是不会出现在她身上。但是现在她却开始怀疑自己的认知了——为什么最近她开始越来越不愿意工作了呢?

这样的问题似乎最早出现在她刚成为片区经理的时候，这是一次她期待已久的升迁。在升职之前，林经理无数次地告诉自己，要以更加积极的态度和高效的工作方式去处理问题，要让自己的能力在这个职位上得到进一步的提升。然而，真正接触到了片区经理的工作，她却发现其中的压力实在是不足为外人道。长期巨大的工作压力和繁重的工作任务一下子压在林经理身上，让她很快感受到了不适应，过去总是能积极面对工作的心态也被负面情绪所改变。不到一个月，林经理就对自己手中的工作产生了厌烦情绪。

因为厌烦和排斥，让她在工作时总是提不起精神来，一想到要完成手头的任务就头疼，所以只好一拖再拖，这样持续了将近两个月，她突然发现——自己好像已经习惯拖延了。

“难道我也被拖延症所困扰了吗？”林经理觉得事情似乎并非那么简单，因为在心理上的疲倦之余，她的身体好像也渐渐适应不了如此繁重的工作，开始常常感到劳累起来。

其实，这不过是内心的满足感得不到解决，所以导致的倦怠与拖延。

当我们长期处在职场重压的状态下，因为重复的工作和繁重的压力，很容易产生一种极端的排斥反应，这就是我们所说的职业倦怠感。这种倦怠感仿佛来自内心深处，不仅让我们的情感变得消极，而且面对工作的态度也会越来越差，甚至直接体现在行为和身体上。当你开始从心到身的排斥工作时就会发现拖延症只不过是其中最简单的表现方式罢了。

长期的压力，让你很难享受到成果带来的乐趣，也很难从工作中获得满足，所以你会发现，自己越来越厌烦工作了。此时，最好的办法其实莫过于换一个环境。

林经理的选择亦是如此，她提交了一份调职申请，选择调到另一个领域去接触新的工作。一开始，她遇到的都是些麻烦事，但是对林经理而言，这反而给自己带来一种“挑战”的乐趣，而新岗位的压力则大大减轻了，让她能以更加轻松的态度去应对。这样一来，工作带来的满足感和正面意义果然大大高于负面影响，她很快就恢复了自己正确的工作态度。

满足感就是这样，可以影响一个人的生活态度，进而影响一个人的未来。人类是感性的生物，我们会因为一种虚无缥缈的感觉而改变自己的态度，也改变自己的习惯，所以满足感，远远比你想象当中更加重要。

一个理想的生活应该让你有足够的满足感，也应该让你有不满足的感觉。

不满足，是因为只有这样，你才有奋斗和前进的动力。过于满足现状，只会让人越来越颓靡，越来越无所事事，越来越不愿前行，面对任何挑战都不想承担风险，因为觉得现在这样就足够好了。所以如果你没有不满足的感觉，你的生活将长期处于现状，无法出现真正的改变。

但我们也需要有足够的满足感，过于不满，就如同在沙漠中行走的旅人，一直走却一直看不到绿洲，濒临死亡却喝不上水，这样实在是太无望了。所谓足够的满足感其实就是让你在追寻绿洲的时候，有一个不放弃的动力。当你想要放弃的时候，总有令自己满足的东西告诉自己：你还可以再坚持一下。这样就不容易倦怠，就可以走得更远。

满足感可以寄托在很多事情上，甚至简单的购物行为都可以让一个女人产生浓浓的满足。当我压力很大的时候，我就喜欢去购物，去逛街。事实上，我并不是一个靠购物来减压的人，只是在购物的过程中，我会体会到，寻找自己心仪的东西，然后将它收入囊中的过程会非常令人满足。这样的满足足以抵消我的压力，让我明白生活中有那么多可以让自己快乐的事情，从而不会只关注眼前的坚信。

我常常看到新闻中有些冲动自杀的人。除非长期抑郁，选择自杀的人，大多数都因为生活中没有满足感。如果有那么一样东西，会让她觉得幸福和快乐，哪怕只是简单的一株花、一条鱼，也会成为他继续生活下去的动力。但是没有，因为他生活中没有令自己感到满足愉悦的的内容，才会觉得生无可恋，从而特别容易在挫折当中放弃自己的生命。

这种时候，我觉得满足感就是一种自我救赎。永远不要放弃追寻你生活当中的那些满足感，这样你才会活得生机勃勃，在任何一个低谷都能救赎自己。

做一个能让自己满足的人，给自己打造一个可以让自己感到快乐的生活，比任何筚路蓝缕的成功都让人舒服、让人快乐。我们的一生不应该只为了物质生活而拼搏，更应该注意精神上的慰藉，满足感，就是精神世界最重要的桥梁之一。

我们所羡慕的，不过是因为做不到

很多人都有羡慕的对象，但我没有。我可以自信地说，这个世界上我最羡慕的就是将来的我自己，因为她可以那么好，而现在的我还做不到。

除此之外，我并未羡慕过别人。因为太多时候，羡慕源于我们内心的认知——你做不到，所以才羡慕那些能做到的人。但我不会，不论我处于什么年纪，20 岁也好，40 岁也罢，我都觉得自己的未来还有很多可能，别人能做到的，我未必做不到。

所以我不会去羡慕别人。

每个姑娘都应该有这样的态度，不要轻易去羡慕别人，因为这样会显得你很卑微。明明有些东西，只要你踮一踮脚就能够到，只要你努力一下就能做到，为什么要去羡慕别人呢？当你觉得羡慕的时候，就是你否定自己的时候。每一次对别人的羡慕，都是在否定一次自己。所以别羡慕别人。

在一些社交网站上，我经常看到年轻的姑娘们在别人的状态下面留言：

“好羡慕你呀，结婚的时候有这么漂亮的大钻戒。”

“你的生活状态真令人羡慕，怪不得皮肤这么好、这么健康。”

“真羡慕小姐姐有这样的好身材。”

……

看到这些留言的时候，我甚至会为对面的姑娘感到心酸。当你羡慕别人的钻戒漂亮时，是不是因为自己十分喜欢却又无力承担？可婚姻也许只有这一次，你是否为自己的钻戒梦努力过呢？

一些专柜里，一克拉的钻戒已经足够闪亮，价格也不过四五万，如果你真的那么喜欢，努力一把咬咬牙也就买了。这样，至少当你戴上它的时候，内心升起的是对自己婚姻的满足和幸福感，而不是对别人的羡慕。

当你羡慕别人的生活状态时，有没有想过改变自己的状态？早睡早起并不是那么难，生活有规律也可以让你的皮肤变得很好，有一个好身材，只需要坚持锻炼和控制饮食就行了。其实如果你愿意去尝试，你也可以让别人羡慕。

但你没有，你选择了去羡慕别人。当你做出这样选择的时候，就可以看出你的生活态度。

羡慕，其实就是人为给自己划定了一个上限，你一边羡慕别人，一边在告诉自己：“我做不到。”虽然嫉妒很不好，但我觉得羡慕甚至不如嫉妒。虽然嫉妒也是来自下位者对上位者的感受，是不幸者对幸运者怀有的恶意，是不够优秀的人，对出类拔萃者的诋毁，但至少你产生嫉妒的时候，是因为你觉得自己也能做到，不过因为种种原因被别人抢了先而已。

而当你羡慕的时候，你就意识到自己永远不可能追赶上那个人，永远不可能做到对方能做到的。但是真的如此吗?

并不是。所以如果硬要我选的话，我宁愿选择会嫉妒别人，也不愿选择羡慕。

和我不同的是，朋友小G就特别容易羡慕别人。有些时候，羡慕被她当作一种交际的手段，通过表达对别人的羡慕来恭维别人，这样会让对方对小G释放出更多善意。

这无可厚非，很多人都会在生活中这样做，表达出对她人的羡慕也是一种对对方的肯定，而获得别人的肯定是大多数人都追求的。但这样的羡慕，未必一定要自己全然认同，你应该礼貌地肯定和羡慕别人，但不要贬低自己。

小G不一样，她的羡慕特别真情实感，每次羡慕别人的时候，都要发自内心的自卑一下。

“你的工作完成得真好，我就不行，总是马马虎虎的。”在工作的时候，小G总是这样说。

在别人看来，这可能是单纯的客气，但小G其实内心就是这么想的。当她说出这句话的时候，首先是沮丧感，让她很难在接下来的工作中聚精会神。其次就是对于自我的贬低，让她下意识地觉得自己肯定不如对方做得好。这样一来，小G每当做到快接近对方的程度时，总会在内心不断暗示自己——不用再去尝试了，你肯定做不到她的程度。于是乎，她就心安理得地将工作放弃了。

这样一来二去，小G很快成了办公室里工作能力垫底的那一个。她总是把“我不行”挂在嘴边，工作上又没有什么实际的成果，就让大家对她留下了一个既定印象——小G的确是不行。

时间久了，就连上司都对小G有些意见，认为她不思进取。在办公室混得越来越差，让小G的自信心也变得越来越弱。最后还没等到公司解雇她，她自己就先辞职了，原因是压力太大。

“周围的人都太优秀了，我比不上他们，这样的工作太辛苦。”小G这样跟我们抱怨。

我不知道该说什么，只有给她一个忠告：“在你的下一个公司，不管别人做得多好，都千万不要羡慕他们。你要想的是如何追上他们，而不是心安理得地落在最后。相信我，你会发现自己的能力也很强。”

很多时候，一个人的能力发挥不出来，并不是因为本来就差，而是因为没有激发出他们努力的欲望，也没有激发出他们的潜能。那些新闻上，为了接住掉下楼的孩子而跑出百米纪录的母亲，在奔跑的时候想过自己做不到吗？不可能的，她绝对不会这样想，她唯一担忧的是自己跑得不够快，接不住即将掉下来的孩子。

她的目光会永远直视着前方，目标也只有一个，加上牵动灵魂的母爱和担忧，会让她在瞬间爆发出所有的潜能。人类的力量就是这样，你所开发出的不过百分之一二，无穷的潜能会让你震惊。而这时候，你要想的也只应该是向前，而不是羡慕别人如何。

这样总有一天，你也可以过上自己羡慕的生活。

在我还小的时候，母亲曾经跟我说：“有什么喜欢的玩具就告诉妈妈，妈妈给你买，不用羡慕别人。”

母亲的教育一直是这样的，也许是出于无条件的宠溺，也许是想要富养女儿，也许是看不得我羡慕别人时的可怜巴巴，她总是尽自己所能地满足我的所有要求。其实我的家境并不富裕，母亲的能力也有限，但她愿意用自己一天的工资去买一个我所喜欢的毛绒玩具，甚至因此放弃了自己骑车需要的厚手套，只是因为觉得我恋恋不舍的样子让她心疼。

我很感激母亲的爱，她让我明白，即便我是世界上普通的一个人，也可以付出一切铺成脚下的路，让自己走上更高的台阶。她向我展示了一切可能，哪怕是别人看来不可能的事情，母亲也可以做到，所以我也可以做到。

“不要怕，去试试，没有什么克服不了困难。”处于一个个生活的低谷时，母亲总是这样说。

我想，如果她有一个儿子的话，也绝对不会穷养的。不论是男孩还是女孩，养育的过程都应该“富”，至少要满足他们合理的、能力范围之内的愿望。这样你的孩子才不会在羡慕别人当中成长，才不会遇到事情，就下意识地告诉自己“我不行”“不可能”，而是有挑战一切的自信和无限可能。

虽然我们已经度过了童年，过去无法改变，但未来你还是可以付出一些努力的。当看到别人做得很好时，首先告诉自己，我也可以像他一样、我也可以试一试，而不是向别人表达羡慕，我相信你自己会过得更好。